Louis Bodin

LES POURQUOI DE LA MÉTÉO

Albin Michel

Illustrations : Mélody Denturck

SOMMAIRE

PRÉFACE

Tous les jours, j'ai cette chance merveilleuse de vous informer du temps qu'il fera demain. Plus qu'une simple profession, être météorologiste relève pour moi et avant tout d'une passion sincère. Déjà, enfant, je me souviens avoir posé à ma mère ou à mon père des questions sur le ciel que je regardais souvent : « Pourquoi le ciel est-il bleu ? », « Pourquoi la neige est-elle blanche ? » Ces mystères atmosphériques m'intriguaient et excitaient mon esprit déjà plutôt tourné vers la science.

Nous sommes tous restés de grands enfants face aux surprenantes ressources de la nature. J'ai pu développer cette envie de connaissances au gré de mes voyages de jeunesse. Avec le métier de mon père – il était militaire –, ma famille et moi-même avons découvert des paysages très différents. Du Maroc à la Provence, en passant par le bassin d'Arcachon, où j'ai eu la chance parfois d'aller à l'école en bateau à voile, j'ai été imprégné de ces différents tableaux que peut offrir la nature, avec toutes les questions qui en découlent : « Dis, Papa, pourquoi le Soleil est-il rouge quand il se couche ? », « Les nuages ont vraiment des formes étonnantes, non ? », etc.

Adolescent, je n'ai plus envisagé ma vie autrement qu'au grand air. Mon oncle, qui était pilote professionnel, et mon père m'embarquaient souvent dans leurs petits avions ou planeurs ! À bord, ils m'ont appris plus ou moins consciemment à sentir, écouter, comprendre, respecter cet environnement, interpréter les nuages ou encore ressentir les effets du vent sur les ailes. À dix-sept ans, grâce à eux, j'ai passé mon brevet de pilote planeur. Entre la voile et l'aviation, j'ai nourri ma passion. Comment décoller ou prendre la mer sans consulter les bulletins météo ? Impossible ! Ces deux sports, puis la randonnée en haute montagne plus tard, m'ont appris à respecter les phénomènes atmosphériques. Ils ont aiguisé ma curiosité pour cette science encore toute jeune et qui incite donc à l'humilité.

Alors cinquante ans après ces premiers « Pourquoi ? », j'ai imaginé ce livre. Je pense et j'espère ne pas être le seul à aimer regarder notre belle nature le nez en l'air, tout en m'interrogeant sur les secrets du ciel et de notre planète.

Je propose de partager avec vous tous ces Pourquoi de la météo, des plus anodines interrogations aux plus audacieuses. Nous voulons tous savoir pourquoi le ciel est bleu, et moi le premier !

Ce livre est une belle occasion de se rendre compte combien la météo nous rappelle que notre espèce fait corps avec l'univers qui nous entoure. Sachons encore le regarder pour mieux le préserver, avec lucidité, mais surtout avec optimisme !

1.

Pourquoi le ciel est-il bleu ?

Si la Terre a été joliment surnommée la « planète bleue » par les astronautes, c'est parce qu'elle est en grande partie recouverte par de l'eau. Elle apparaît donc bleue à ceux qui l'admirent au milieu du noir de l'espace ! Et quand ces astronautes redescendent sur Terre – j'ai eu la chance d'en croiser quelques-uns –, ils sont unanimes quant à l'immense beauté de notre planète ! Mais si vous enviez ces privilégiés, consolez-vous, car les astronautes en mission ne peuvent pas profiter d'un autre superbe spectacle, que de simples terriens comme vous et moi admirons tous les jours, en tout cas par beau temps : le ciel bleu !

Dans l'espace en effet, même si le Soleil et les autres étoiles brillent et émettent de la lumière continuellement, tout reste noir en dehors des astres et des planètes. Au contraire, sur notre chère Terre, dès que le Soleil apparaît, le ciel se pare de magnifiques nuances azur. On serait donc tenté de croire que les rayons du Soleil « colorent » notre ciel.

C'est à peu près cela, mais tâchons de comprendre plus en détail ce mécanisme. Le Soleil émet plusieurs types d'ondes, qui, selon leur longueur, auront des effets différents : les ultraviolets (UV), indispensables à votre bronzage et coupables de vos coups de soleil ; les rayons X, utilisés en imagerie médicale ; les infrarouges qui nous donnent une sensation de chaleur lorsqu'ils se posent sur notre peau… Et, bien sûr, les ondes qui constituent la lumière visible, c'est-à-dire la lumière blanche naturelle qui nous permet de distinguer les formes et les couleurs !

Lorsqu'elles pénètrent dans l'atmosphère terrestre, ces ondes réagissent de différentes façons aux éléments qui composent l'air de notre planète. Par exemple, les dangereux ultraviolets sont en grande partie arrêtés par la couche d'ozone, dans la stratosphère. Quant aux rayons de la lumière visible, ils sont déviés par les molécules qui composent l'atmosphère. Tous les rayons ? Non ! Une partie seulement. Comme vous le savez, la lumière blanche contient en elle toutes les couleurs de l'arc-en-ciel, c'est-à-dire le fameux « spectre visible ». Et chacune de ces couleurs correspond à une longueur d'onde bien précise. Or, en raison de leur taille, les molécules présentes dans l'air ne vont dévier que les ondes les plus courtes, à savoir les bleues et les violettes, qui sont ainsi diffusées dans toutes les directions et deviennent donc visibles. Les ondes plus longues, des vertes aux rouges, ne sont que faiblement déviées. De sorte que, pour la plupart, elles poursuivent tranquillement leur route en ligne droite jusqu'au sol, et restent invisibles !

Le fait que seules les ondes de bleu et de violet soient diffusées par les molécules d'air explique que l'on perçoive une lumière bleue partout dans le ciel. Enfin, si le bleu domine sur le violet, c'est parce que l'œil humain est naturellement moins réceptif à cette couleur.

En plus de colorer notre ciel en bleu, les molécules de notre atmosphère altèrent aussi la couleur du Soleil lui-même ! En effet, les astronautes sont formels : depuis l'espace, le Soleil est parfaitement blanc. Mais comme la lumière qu'il émet perd une partie de ses ondes de bleu lors de son passage dans l'atmosphère, il nous apparaît de couleur jaune.

Devinette

Pourquoi le ciel reste-t-il noir la nuit ? Tout simplement parce qu'il faut une source lumineuse très puissante – comme notre beau Soleil – pour que les ondes diffusées par l'atmosphère soient visibles ! Or, les étoiles qui scintillent dans le ciel nocturne sont trop lointaines pour que la faible lumière qui nous en parvient soit diffusée significativement. En conséquence, le ciel reste noir, comme dans l'espace... Pour cela au moins, les astronautes ne sont pas dépaysés !

Enfin, vous avez sans doute déjà observé que le bleu du ciel connaît de légères variations en fonction de l'altitude : en haute montagne, le bleu se fait plus profond ; au bord de la mer, il paraît plus clair. Il y a une raison toute simple à cela : c'est que plus l'atmosphère à traverser est épaisse, plus la lumière est propagée par les molécules. En haute altitude, l'épaisseur de l'atmosphère au-dessus de votre tête est moindre, de sorte que la lumière diffusée tend davantage vers le noir. Et si vous pouviez monter à environ 30 km d'altitude, vous verriez, en plein jour, le ciel devenir noir... l'espace n'est plus très loin !

À l'inverse, si l'atmosphère était encore plus épaisse, on perdrait encore plus de bleu et l'on gagnerait en rouge... Cela vous rappelle quelque chose, n'est-ce pas ? Eh bien oui, c'est exactement ce qu'il se produit à l'aube et au crépuscule ! Car lorsque le Soleil se trouve à l'horizon, sa lumière traverse une épaisseur d'atmosphère, dix à quinze fois plus importante que lorsqu'il se trouve au zénith... Le Soleil nous apparaît donc rouge, tandis que le ciel se colore de magnifiques teintes roses. Décidément, c'est bien sur Terre que le ciel nous offre les plus beaux spectacles !

Le savez-vous ?

En 1860, George Rowney, un marchand de couleurs britannique, a commercialisé un pigment permettant aux peintres d'obtenir la nuance azur des ciels européens. C'est le bleu de *cæruleum* (« couleur ciel » en latin), dit aussi « bleu céruléen », ou plus couramment « céruléen ». Sa capacité à paraître bleu même à la lumière d'une bougie lui a valu un certain succès. Mais, face à une lumière artificielle, il devient verdâtre !

2.

Pourquoi le vent souffle-t-il ?

Nous le savons tous, si le vent souffle, c'est tout simplement parce que les masses d'air se déplacent en permanence à la surface de notre planète : vous le constatez si vous regardez les cartes au début de mes bulletins météo ! Demandons-nous alors : pourquoi se déplacent-elles ?

Ces mouvements qui sont à l'origine du vent s'expliquent par deux actions principales, celle du Soleil et celle de la Terre. Comme nous l'avons vu, le Soleil chauffe la surface du globe, qui réchauffe l'air à son contact. Or, lorsqu'il monte en température, l'air se dilate. Les molécules qui le constituent sont plus agitées et plus espacées, de sorte que la pression atmosphérique diminue. C'est-à-dire qu'à volume d'air égal, les molécules sont moins nombreuses et plus espacées. D'ailleurs, à votre avis, qu'est-ce qui pèse le plus lourd, l'air chaud ou l'air froid ? Vous avez gagné : l'air froid car la chaleur du Soleil ne l'a pas dilaté et n'en a pas dispersé les molécules. L'air chaud est donc plus léger, c'est ce qui permet aux montgolfières de s'envoler !

À la surface du globe, la pression atmosphérique varie beaucoup, selon que l'air a été réchauffé ou non par le Soleil. Lorsqu'une masse d'air est froide, donc statique et lourde, la pression augmente : c'est ce qu'on appelle en météorologie un anticyclone. Lorsque la masse d'air est chaude, donc légère et agitée, la pression baisse légèrement : c'est une dépression ! Ce sont ces variations de pression qui entraînent le mouvement des courants d'air à l'origine du vent. Pourquoi ? Parce que les masses d'air chaud et d'air froid ne vont pas cohabiter paisiblement ! En effet, la nature a horreur du vide et du déséquilibre : elle va chercher à combler les vides et à désengorger les trop-pleins. Les zones de haute pression vont donc être attirées vers les zones de basse pression, pour combler l'espace disponible entre les molécules d'air ! Vous pouvez l'observer à l'aide d'un simple ballon de baudruche : à l'intérieur du ballon, l'air est comprimé et la pression très forte (vous en savez quelque chose, vous venez de vous époumoner à le gonfler !). Quand on libère l'air prisonnier du ballon, il est attiré très brusquement vers l'extérieur, où la pression est plus basse. Ce qui a pour effet de propulser le ballon à travers la pièce dans un vol mal contrôlé, accompagné d'un bruit peu élégant… Heureusement, à l'échelle de l'atmosphère, les échanges se font plus calmement ! C'est le même phénomène qui explique que les masses d'air se déplacent tout autour de la planète, donc que le vent souffle.

Mais dans ce cas, me direz-vous, les vents devraient souffler en ligne droite depuis les anticyclones jusqu'aux dépressions ? Pourtant, c'est le contraire qui se produit : lorsqu'on prend beaucoup de recul, grâce à des cartes satellites par exemple, on constate que les vents soufflent en mouvements circulaires autour du centre d'un anticyclone ou d'une dépression. C'est que l'air obéit à une loi commune à tous les fluides : le mouvement de convection. Inutile de se casser la tête pour comprendre, il suffit d'observer l'eau dans une casserole, quand on la porte à ébullition. Regardez

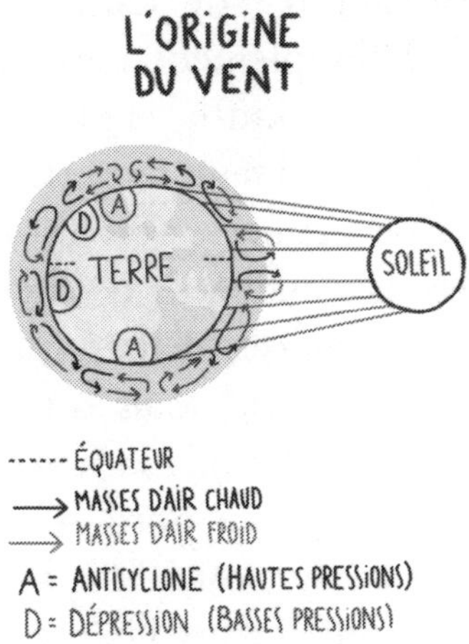

bien : l'eau chaude remonte du fond vers la surface par le centre, tandis que l'eau froide fait le trajet inverse, elle est attirée vers le fond en longeant les bords du récipient. Ce mouvement circulaire finit par homogénéiser la température de l'eau. L'air de notre atmosphère est soumis au même phénomène, c'est pourquoi les échanges entre les masses d'air se font ici aussi par des mouvements circulaires...

Malgré tout, le Soleil et les variations de pression ne font pas tout. La Terre aussi a son rôle à jouer ! En effet, par sa rotation sur elle-même, elle provoque le mouvement de l'atmosphère qui l'entoure. C'est là l'effet de la « force de Coriolis », du nom de Gaspard Gustave Coriolis, l'ingénieur français qui l'a découverte au XIXe siècle (cocorico !). On affirme souvent que ce phénomène serait à l'origine du petit tourbillon d'eau qui se forme dans le fond d'un lavabo lorsqu'on le vide, mais il ne s'agit que d'une légende populaire. Toutefois, cette image illustre bien les tourbillons d'air qui se forment dans l'atmosphère grâce à la véritable force de Coriolis, et qu'on peut observer sur les images satellites de mes bulletins météo !

Alors, pourquoi la force de Coriolis influence-t-elle la formation du vent ? Simplement parce qu'en tournant sur lui-même à près de 1 700 km/h, le globe terrestre fait dévier les masses d'air qui recouvrent sa surface. Et cela toujours dans un sens bien particulier : vers la droite dans l'hémisphère nord, et vers la gauche dans l'hémisphère sud. Cela ne signifie pas que les masses d'air se dirigent toujours vers l'est ou toujours vers l'ouest, mais que, quel que soit leur mouvement, la force de Coriolis la fera toujours dévier vers leur droite dans l'hémisphère nord. Cela explique aussi le sens de rotation des anticyclones : ils tournent dans le sens des aiguilles d'une montre dans l'hémisphère nord, et dans le sens inverse dans l'hémisphère sud.

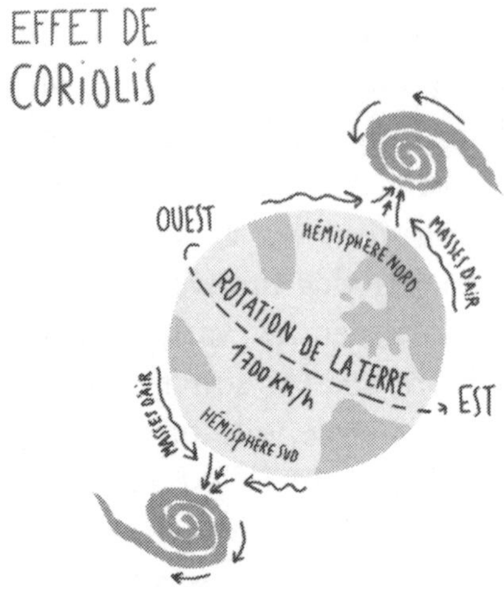

Et pour la petite histoire, sachez que la force de Coriolis, si elle n'a aucun effet sur votre évier, en a sur la qualité de vos voyages en train ! En effet, parce qu'ils sont très lourds et très rapides, les TGV sont soumis de façon non négligeable à la force de Coriolis, qui exerce une poussée latérale lorsque le train se déplace sur un axe nord-sud. Le train va donc peser davantage sur un côté de la voie que sur l'autre (environ 4 tonnes de plus sur le côté en appui !). Rassurez-vous, c'est loin d'être suffisant pour le faire dérailler, mais cela provoque toutefois, dans l'hémisphère nord, une usure plus importante sur le rail du côté est. Et sur le rail du côté ouest dans l'hémisphère sud… Autre anecdote pour épater vos copains à l'heure de l'apéro : la force de Coriolis influence aussi la trajectoire des missiles à longue portée. Dès la Première Guerre mondiale, les obus tirés par les gigantesques canons allemands qui pilonnaient Paris à 120 km de distance, devaient être déviés de près de 1 600 km pour rattraper le décalage dû à la force de Coriolis.

Les variations de la pression de l'air et la force de Coriolis expliquent donc non seulement que le vent souffle, mais aussi sa tendance à souffler en rond autour des anticyclones et des dépressions. D'ailleurs comment se fait-il qu'il ne souffle pas toujours avec la même force ? Pourquoi les légères brises qui nous rafraîchissent délicieusement lorsqu'on rôtit sur la plage en été laissent-elles parfois la place à des tempêtes terribles, qui dévastent tout sur leur passage, comme celles qui ont touché notre pays en 1990 et 1999 ? Et pourquoi le vent souffle-t-il davantage au bord de la mer qu'à l'intérieur des terres ?

Cette variabilité s'explique d'abord par les différences de pression tout autour de la Terre, qui sont en perpétuelle fluctuation : selon les conditions, une dépression sera plus ou moins puissante, son trajet sera autre, elle pourra passer plus ou moins près d'un anticyclone… En outre, les différents systèmes, dépressions et anticyclones, s'influencent mutuellement, s'attirent, s'affaiblissent, se tournent autour, etc. Avec tout cela, vous obtenez une infinité de combinaisons possibles ! C'est pour cela que la météo ne se répète jamais… heureusement pour nous, les météorologistes ! Vous commencez à comprendre pourquoi il y a tellement de vents différents sur notre planète.

Mais si les vents sont à ce point fantasques, c'est aussi parce que la Terre n'est pas dépourvue d'obstacles. Sur les continents, les montagnes et les reliefs contrarient le déplacement des masses d'air. Au contraire, les mers et les océans forment des surfaces planes sans aucun obstacle, où les vents se propagent allègrement. En outre, alors que sur Terre certaines zones désertiques peuvent chauffer démesurément les masses d'air, les océans, moins sensibles aux variations, vont avoir plutôt tendance à les refroidir, et ce brutal refroidissement crée du vent. Enfin, au contact entre mer et terre, le contraste de température aura tendance à attiser les vents… d'où la brise côtière qui vous rafraîchit agréablement sur la plage en été ! D'ailleurs, si vous vous promenez tard le soir sur la jetée, vous remarquerez que, la nuit, la brise souffle dans le sens inverse, depuis la terre vers la mer, toujours en raison des échanges thermiques.

Sachez que tous les vents ont leur propre caractère, parfois bien trempé ! Les vents chauds épaississent l'air et apportent la pluie : le plus célèbre est celui de la mousson en Asie, qui s'accompagne de précipitations diluviennes ! Il existe aussi des vents chauds et secs, comme le simoun, un vent violent qui souffle sur les régions désertiques autour de la Méditerranée orientale. Quant au célèbre sirocco, il nous vient tout droit du Sahara et dépose, dans le Sud de la France, une fine couche de sable rouge sur nos voitures en stationnement ! Les vents froids ont chacun leur nom : tout le monde sait faire la différence entre la bise hivernale, glaciale, et la brise estivale, tiède et agréable. Enfin, les habitants du Canada savent que quand souffle le blizzard, la tempête de neige est à leur porte et il vaut mieux se tenir au chaud !

Innombrables, capricieux, parfois dangereux… il n'est pas étonnant que dans l'Antiquité, les vents aient été identifiés à des divinités ! D'ailleurs, vous en connaissez au moins quelques-uns : Borée, le vent du nord, a donné son nom aux aurores boréales ou encore le célèbre Zéphyr, vent de l'ouest, qui est devenu synonyme d'une brise douce et agréable…

Devinette

Comment s'appelle l'instrument qui mesure la vitesse du vent ? Oui, c'est bien l'anémomètre ! Cette vitesse se mesure généralement en km/h, mais on préfère utiliser, dans la marine ou l'aviation, l'échelle de Beaufort, du nom de l'amiral Francis Beaufort qui l'inventa au XIXe siècle. Cette échelle est graduée de 0 à 12. Lorsqu'on parle d'un vent de force 3, cela correspond à une petite brise. Mais un vent de force 6 peut déjà retourner les parapluies ! À partir d'un vent de force 10, il s'agit d'une véritable tempête. Quant au vent de force 12, il ne correspond qu'à des ouragans que, fort heureusement, on ne connaît que très rarement sous nos latitudes. Ce fut cependant le cas en 1999, lorsque les vents dépassèrent les 130 km/h. Quant à la direction du vent, chacun sait qu'elle est indiquée par une girouette. Mais saviez-vous qu'avant d'orner le sommet de nos toitures et de nos clochers, les girouettes se trouvaient au sommet des drakkars vikings ? Rien à voir, pourtant, entre ces fiers guerriers et une personne qui change toujours d'avis…

3.

Pourquoi la neige est-elle blanche ?

La neige étant composée de glace, on pourrait raisonnablement s'attendre à ce qu'elle soit transparente… D'où lui vient donc cette blancheur immaculée, qui émerveille les enfants (et les grands enfants que nous sommes !) chaque hiver ?

Si la neige n'est pas transparente, c'est parce qu'elle réfléchit la lumière différemment de l'eau liquide ou glacée, en raison de sa structure même. Pour découvrir ses propriétés étonnantes, il nous faut remonter à l'origine de sa formation. Prenons donc la direction des nuages, ces grandes fabriques de flocons ! Et surtout, couvrez-vous bien, car la neige ne se forme que dans une fourchette de températures allant de – 16 °C à 0 °C. Un nuage, c'est une masse d'air dans laquelle l'humidité est importante. À tel point qu'autour des minuscules impuretés présentes dans l'air, comme les grains de sable ou les poussières, cette humidité se condense en fines gouttelettes d'eau… et c'est la pluie ! Mais quand la température est très basse, l'eau contenue dans l'air va directement se fixer autour de la poussière sous forme de glace. Progressivement, l'air chargé d'eau va continuer à se cristalliser autour de ce noyau, en formant petit à petit un joli cristal de glace. En fonction de la température, mais aussi de la nature du noyau et sa croissance peut prendre entre deux minutes et une heure. Mais ce n'est pas tout ! Pris dans les violents courants d'air qui agitent l'intérieur d'un nuage, le cristal est brassé dans tous les sens. Dans sa course folle, il heurte d'autres cristaux, qui se fixent autour de lui, s'amoncellent... et donnent un flocon ! Devenu trop lourd, celui-ci finit par tomber de son nuage...

Le savez-vous ?

Sans même ouvrir une fenêtre, on peut estimer la vigueur du froid en observant la neige tomber. Quand le mercure descend au-dessous de – 5 °C, les cristaux s'agrègent moins facilement, ils chutent donc séparés les uns des autres. Par conséquent, si les flocons sont fins, préparez-vous à un froid mordant. Au contraire, des flocons de grosse taille signifient que la température est un peu plus clémente...

Les cristaux des flocons sont une source d'émerveillement toujours renouvelée : leurs formes finement ciselées sont d'une variété quasi infinie ! Et lorsqu'on les observe au microscope, on a l'impression de contempler le travail d'un joaillier. Avouez-le, on a parfois du mal à croire que la nature puisse dessiner de telles dentelles de cristal, frappantes à la fois par leur diversité et leur régularité toute géométrique. Selon la température du nuage, leur aspect peut varier : plaquettes, aiguilles, colonnes creuses, étoiles, dendrites... Toutefois, on observe une constante : la silhouette du flocon a toujours six côtés, cela tient à la structure moléculaire de l'eau. Lorsqu'ils sont assez gros, cette forme hexagonale est même perceptible à l'œil nu. Le philosophe René Descartes avait d'ailleurs, en 1635, consigné des formes rares, comme des cristaux à douze branches et cela sans l'aide d'un microscope !

Au sol, le tapis de neige qui fait la joie des skieurs est donc un amas de milliards de cristaux de glace, agglutinés entre eux. Comme les pièces d'un puzzle, leurs contours torturées leur permettent de s'encastrer les uns dans les autres, pour former cette matière compacte et malléable avec laquelle les enfants sculptent des bonshommes de neige… ou se confectionnent des boules ! Et malgré toutes ces péripéties, les flocons conservent leurs parois, tant que la température ne les fait pas fondre.

Mais revenons à nos couleurs ! Pris individuellement, un minuscule cristal de neige est aussi transparent qu'une goutte d'eau. Sa paroi ne réfléchit la lumière qu'à un degré très faible. Mais, nous l'avons vu, dans un seul flocon se superposent des centaines de parois de cristaux agglomérés ! Je vous laisse donc imaginer les quantités astronomiques qui peuvent s'accumuler sur une épaisse couche de neige en montagne. Or, la lumière du Soleil se réfléchit autant de fois que ses rayons rencontrent les parois de chaque minuscule cristal… la neige agit donc comme un véritable miroir, à ceci près qu'elle renvoie les rayons dans toutes les directions.

Lorsqu'elle est fraîchement tombée, le pouvoir réfléchissant de la neige est de 95 %. On comprend mieux pourquoi le port de bonnes lunettes de soleil est recommandé en montagne ! Quand le ciel est couvert, vous constaterez d'ailleurs que la neige perd de son éclat et tend plutôt vers le gris. Et, avec le temps, les cristaux de glace s'arrondissent et perdent une partie de leur pouvoir réfléchissant. Ainsi, à la fin de l'hiver, la neige déjà « vieille » de quelques mois ne restitue plus que 50 % de la lumière : son éclat est moindre et son teint est plus mat. La neige aussi est soumise aux aléas du vieillissement !

Devinette

Savez-vous pourquoi la glace colle aux doigts ? Quand vous attrapez un glaçon, vos doigts provoquent la fonte d'une fine couche de glace, de sorte qu'une pellicule d'eau liquide se forme entre votre peau et le glaçon. Par un échange thermique, l'eau gèle à nouveau à même la peau, d'où cette adhérence. Un simple filet d'eau tiède suffira à libérer vos doigts d'un glaçon un peu trop collant. Si seulement on pouvait se débarrasser de tous les pots de colle aussi facilement !

4.

Pourquoi la foudre tombe-t-elle au sol ?

En réalité, cette formule est trompeuse. La foudre ne s'abat pas sur nous : elle monte depuis le sol jusqu'au nuage autant qu'elle en descend. Elle forme un pont entre les deux, et cela malgré la présence de l'air, qui est un isolant naturel.

Dans notre pays, on enregistre en moyenne un million d'impacts de foudre par an. Les cascades d'éclairs que l'on admire durant les orages offrent un spectacle sublime et très recherché par les photographes. Mais ce phénomène est loin d'être inoffensif : il provoque vingt mille sinistres par an, dont quinze mille incendies ! Plus dramatique encore, la foudre tue huit à quinze personnes chaque année.

Et pourtant, la foudre ne représente que 20 % des éclairs qui se produisent durant un orage. Car, vous l'ignorez peut-être, il existe une différence entre les deux ! La foudre « tombe » au sol, tandis que la grande majorité des éclairs restent confinés à l'intérieur du nuage – on parle alors d'éclairs intra-nuageux. D'autres, plus rares, jaillissent d'un nuage à l'autre et peuvent atteindre plus de 100 km de long ! Ce sont cette fois-ci des éclairs internuageux. Mais dans tous les cas, il y a un nuage à l'origine de la foudre, et pas n'importe lequel.

C'est le fameux cumulonimbus. On le reconnaît d'abord à sa taille exceptionnelle, qui en fait le plus gros de tous les nuages, mais surtout à sa forme, car il est le seul à se développer verticalement. Larges de plusieurs kilomètres, les cumulonimbus peuvent atteindre jusqu'à 14 km de haut ! D'ailleurs, seule la stratosphère est capable de les arrêter : au sommet de la troposphère, le nuage s'étale et prend sa forme d'enclume si caractéristique des cumulonimbus.

POURQUOI LA FOUDRE TOMBE-T-ELLE AU SOL ?

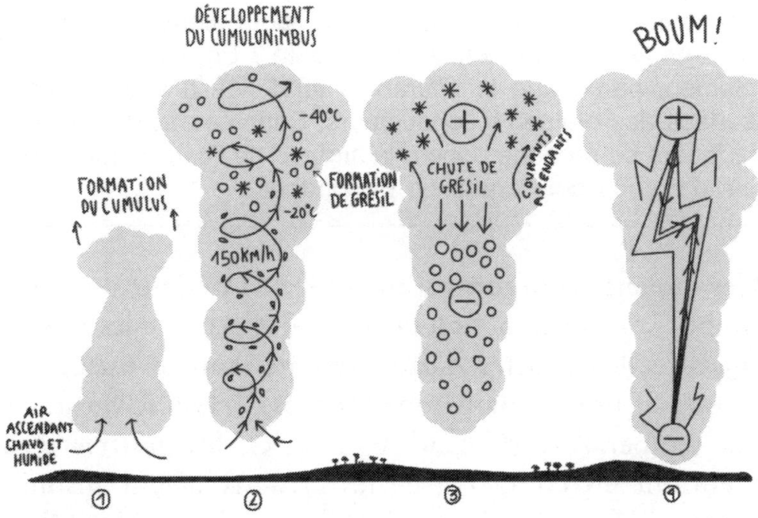

En outre, ces géants se forment très rapidement : certains d'entre eux n'ont besoin que de vingt minutes pour atteindre une masse colossale, en absorbant à chaque seconde jusqu'à 9 000 tonnes de vapeur d'eau à la surface de la Terre ! À l'intérieur du nuage, dans sa partie haute, c'est un véritable enfer : au milieu des grêlons qui tourbillonnent, les vents soufflent à 150 km/h entre courants ascendants et descendants. Vous comprenez maintenant pourquoi même les plus gros avions de ligne préfèrent éviter les cumulonimbus ! Pour les parapentistes, ils représentent même un danger mortel : le nuage peut aspirer un parapentiste et, une fois l'aile volante réduite en charpie, il reste prisonnier des vents furieux qui l'agitent comme un pantin et peuvent le soulever jusqu'à 10 km d'altitude, où il mourra d'asphyxie avant même de retoucher le sol, quelques heures plus tard !

Devinette

Pourquoi la foudre ne tue-t-elle pas tous les poissons aux alentours lorsqu'elle tombe en mer, alors même que l'eau est très bonne conductrice d'électricité ? Eh bien tout simplement parce que le courant a tendance à voyager en surface des éléments conducteurs. Dans ce cas de figure, la foudre se propage donc à la surface de l'eau et épargne les poissons qui nagent en profondeur !

Ces violents courants ascendants à l'intérieur du cumulonimbus sont justement à l'origine des éclairs : les cristaux de glace et les gouttes d'eau présents dans le nuage sont entraînés et brassés dans tous les sens. À la tête du nuage, où la température descend à – 20 °C, les gouttes d'eau qui entrent en contact avec les cristaux gèlent instantanément, et forment des grains de grésil ou des grêlons. Petit à petit, ces grains prennent du volume, puis finissent par tomber lorsqu'ils sont devenus trop lourds. Dans leur chute, ils percutent des cristaux de glace ou d'autres grêlons un nombre incalculable de fois. Ces frictions répétées ne produisent pas des étincelles, comme pourraient le faire deux cailloux qui s'entrechoquent, mais elles produisent une réaction de nature électromagnétique : les grêlons « arrachent » leur charge négative aux cristaux. Comme les grêlons sont lourds, ils chutent vers le plancher du nuage, qui accumule une charge électrique négative. À l'inverse, du fait de leur légèreté, les cristaux s'élèvent toujours vers le plafond du nuage, qui accumule une charge positive. En somme, vous l'avez compris, notre cumulonimbus devient une véritable pile géante !

Or, c'est une nécessité physique imparable : lorsque, entre deux extrémités, la différence de potentiel électrique devient trop importante, le courant tente par tous les moyens de joindre les deux pôles. On dit alors que la masse d'air entre les deux pôles s'ionise, et quand le courant finit par former un pont, une formidable décharge électrique se libère : c'est un éclair ! Et plus précisément, un éclair intranuageux, comme nous l'avons vu plus haut.

Quant à la foudre, qui relie le nuage au sol, elle obéit exactement au même phénomène. En temps normal, le sol terrestre est chargé négativement, tout comme la base des cumulonimbus. Jusque-là tout va bien... Mais lors des orages, une forte pluie, chargée négativement, s'abat sur le sol. Et quand elles sont de même signe, les charges électriques se repoussent l'une l'autre, comme deux aimants que vous confronteriez dans vos mains. De sorte qu'au sol, sous l'effet de la pluie, les charges négatives s'inversent et sont progressivement remplacées par des charges positives. Jusqu'à ce que la différence de potentiel électrique devienne trop importante, cette fois entre la base du nuage (chargée négativement) et le sol (chargé positivement). L'électricité va alors se frayer un chemin entre les deux, et comme elle a tendance à privilégier le chemin le plus court, la foudre va souvent frapper les points les plus élevés : la cime des arbres ou le sommet d'un clocher. Cette gigantesque décharge électrique enflamme l'air qui se trouve sur sa trajectoire : il chauffe quasi instantanément à 30 000 °C ! Il se dilate donc très brutalement, ce qui produit une onde sonore : en l'occurrence un bruit très puissant de craquement sourd. Vous l'avez reconnu... c'est le tonnerre !

Le savez-vous ?

Les avions de ligne sont très souvent foudroyés. Mais pas de panique si vous les empruntez ! Les passagers, tout comme les instruments de navigation de l'appareil, sont protégés. Le courant électrique s'écoule sur la surface extérieure de l'avion, sur ses parties métalliques. C'est le principe de la cage de Faraday. À l'intérieur de l'avion, il n'y a aucun risque !

5.

Pourquoi la météo influence-t-elle notre humeur ?

Que la météo influence notre humeur, ce n'est pas vous qui le contesterez, j'en suis sûr. Un ciel bleu contribue à nous rendre heureux, tandis qu'un temps orageux fera de nous une personne tendue et irritable, comme tout le monde ! Il n'y a qu'à voir la mine des gens quand il pleut pendant des semaines : ils deviennent moroses, parfois agressifs. Et dans les commerces ou dans la rue, on ne parle plus que du temps qu'il fait. Du reste, les mesures de l'Audimat le prouvent, les Français sont bien plus intéressés par les bulletins météo que par les cours de la Bourse. D'après certains psychologues, cet engouement tiendrait au fait que la météo nous permet, lorsque les prévisions sont mauvaises, de râler tout notre saoul ! Action libératoire qui nous procure une satisfaction immédiate, tout en ne faisant de mal à personne, puisque personne n'est responsable du temps qu'il fait ! Mais, au-delà ce rôle de bouc émissaire facile, la météo nous passionne, surtout, parce que nous sommes encore des êtres intimement liés à la nature et à ses éléments. Nous sommes tous, à divers degrés, des « météoropathes », c'est-à-dire, littéralement, des victimes de la météo ! En effet, nous vivons tous dans l'atmosphère et, par conséquent, subissons tous l'air ambiant. Quels que soient le vent, la température, l'humidité, nous devons faire avec. Or, toutes ces conditions agissent nécessairement sur notre organisme.

Il existe à cela des raisons biologiques et psychiques. Prenons l'exemple du Soleil, dont l'influence est si forte sur nous : vous ne pourrez pas contester que, lorsqu'il brille, tout apparaît plus beau ! Ni que sa simple présence peut nous donner l'envie d'aller flâner en ville, ou de faire une balade dans la nature. Mais le Soleil fait bien plus encore. Il fixe la vitamine D, indispensable à notre organisme pour l'absorption du calcium et du phosphore, qui consolident nos os. Lorsqu'il est absent, le Soleil manque à notre corps… Au cœur de l'hiver, nombreux sont ceux qui se plaignent de grandes fatigues et d'un moral en berne : c'est la dépression saisonnière. Ce n'est pas un mythe ! Elle touche 6 à 7 % de la population, particulièrement dans l'Est et le Nord de la France, et se traduit par un sentiment de tristesse, une fatigue chronique, des difficultés de concentration, voire des accès de boulimie… Les psychologues ont ciblé le responsable : le manque de soleil. Il faut dire qu'en hiver, sous nos latitudes, la luminosité solaire est cinquante fois moins puissante que durant l'été ! Notre cerveau sécrète donc davantage de mélatonine, l'hormone du sommeil, et beaucoup moins de sérotonine, l'hormone du bonheur. C'est prouvé : le Soleil nous rend heureux !

Mais nous qui supportons mal nos courts hivers français, pensons à nos pauvres amis canadiens, scandinaves ou russes, qui vivent dans le Grand Nord, où la nuit polaire dure presque six mois ! Pour eux, le déficit de soleil est tel qu'ils s'exposent aux rayons UV pour lutter contre le DAS, le « désordre affectif saisonnier ». Même dans notre pays, la luminothérapie est souvent prescrite par les médecins, pour nous permettre de « recharger nos batteries », comme de véritables panneaux solaires !

Devinette

À votre avis, quel est l'acronyme équivalent à celui du DAS, en anglais ? C'est le SAD (Seasonal Affective Disorder), c'est-à-dire le « triste » ! Tout est dit.

Attention, le Soleil n'est pas l'unique garant de notre santé et de notre moral ! Tous les aspects de la météo agissent sur notre corps. Quand il fait très froid, par exemple, tout notre organisme se contracte. Vous vous recroquevillez dans votre anorak comme des escargots au fond de leur coquille ! Au contraire, quand il fait beau, notre corps se détend et se dilate. Nous éprouvons le désir de sortir et d'exposer notre peau.

Le vent peut, lui aussi, avoir une influence sur notre humeur. Tous ceux qui habitent dans les régions où soufflent le foehn ou le vent d'autan savent de quoi je parle ! On dit de ces vents qu'ils rendent fous ! Lorsqu'ils soufflent, les gens se sentent épuisés et irritables. Au contraire, au bord de l'océan, les vents de tempête ont tendance à booster notre énergie ! Les scientifiques ont trouvé une explication à ces effets contraires : l'atmosphère que nous respirons est en permanence chargée de corpuscules électrisés, les ions, qui peuvent être positifs ou négatifs. Or, si les ions négatifs sont bénéfiques à notre santé, les ions positifs lui sont assez nocifs. En effet, alors que les ions négatifs ont tendance à oxygéner les cellules de notre corps, les ions positifs vont plutôt en soustraire l'oxygène (en somme, ils nous pompent l'air…). Et si le foehn, l'autan ou le sirocco nous fatiguent, c'est parce que ces vents sont chargés d'ionisation positive ! Cet effet épuisant est bien ressenti par la population, de sorte que la culture populaire n'hésite pas à accuser le foehn de tous les maux : on dit que ce vent pousserait les gens à commettre des agressions, voire des meurtres ! Une fois encore, la météo nous sert de bouc émissaire...

Le savez-vous ?

Il existe une discipline qui s'attache à étudier les effets de la météo sur la santé : c'est la météoropathologie. Elle cherche à déterminer comment les agents atmosphériques peuvent influencer notre organisme, de façon mécanique, physique ou psychique... Elle montre aussi comment certaines conditions météorologiques ont pu favoriser des épidémies, comme celle de la poliomyélite, en 1930, dans le Bas-Rhin, provoquée par une vague de chaleur sans précédent. Une autre discipline en forte expansion est la biométéorologie. Sur certaines chaînes en effet, les météorologistes ajoutent à leurs bulletins l'incidence que les basses pressions, les vents, les orages, les tempêtes magnétiques solaires pourraient avoir sur notre santé : maladies respiratoires, rhumatismes, migraines... Avec un succès de plus en plus affirmé.

6.

Pourquoi la météorologie s'occupe-t-elle des allergies ?

Parce qu'il y a une relation étroite entre le temps qu'il fait et les allergies ! Sachez déjà qu'il ne s'agit pas d'une mince affaire : environ 20 % des Français sont touchés par ce que nos parents appelaient encore le « rhume des foins ». En réalité, il s'agit d'allergies dues aux grains de pollen, ces particules microscopiques qui servent à la reproduction des végétaux. Ces pollens sont libérés dans l'atmosphère par les organes mâles des plantes pour que, portés par le vent ou par des insectes comme les abeilles, ils puissent atteindre une fleur femelle et la féconder ! Et, pour multiplier leurs chances à ce jeu très aléatoire, les pollens sont produits en quantités colossales : un seul pied d'ambroisie peut produire 2,5 milliards de grains de pollen chaque printemps ! C'est pourquoi il y a tant de pollen dans l'air durant la période de reproduction des plantes. Or, c'est lorsqu'il pénètre à l'intérieur de nos voies respiratoires que le pollen peut déclencher une réaction excessive de notre système immunitaire, provoquant des allergies parfois extrêmement violentes.

Mais, me direz-vous, en quoi la météorologie peut-elle avoir une influence sur nos allergies ? Tout simplement parce que la possibilité de développer une réaction allergique

Devinette

Comment s'appelle l'organisme chargé de surveiller la présence des pollens dans l'air ? Il s'agit du Réseau national de surveillance aérobiologique (RNSA). Cet institut surveille les espèces qui, en France, présentent un fort « potentiel allergisant », comme le bouleau ou le chêne, dont les pollens sont parmi les plus agressifs. Toute l'année, le risque représenté par ces espèces est évalué sur une échelle de 0 à 5, en fonction du taux de concentration des pollens dans l'air, qui est généralement plus élevé au printemps. Ces « taux polliniques » sont mesurés à l'aide de capteurs placés à la campagne comme en ville. Le RNSA travaille en étroite collaboration avec les services de la météorologie nationale, Météo-France.

dépend du taux de concentration des pollens dans l'air que vous inhalez. Et, la prolifération des pollens dans l'atmosphère est en grande partie liée aux conditions météorologiques.

La météo joue d'abord sur la libération des pollens par les plantes mâles. Par exemple, si l'hiver s'est montré particulièrement clément, la pollinisation sera d'autant plus précoce. La température quotidienne a également son importance, car en cas de forte amplitude thermique au cours de la journée, on assiste à une libération massive des grains. Enfin, l'ensoleillement favorise la création de pollens en grande quantité.

Pour la prolifération des pollens, le premier paramètre à prendre en compte est celui du vent. Lorsqu'il souffle très faiblement, le pollen se dépose souvent à proximité des plantes femelles qui l'absorbent. Au contraire, un vent fort va disséminer les pollens partout, mais il aura aussi l'avantage de faire baisser le taux de concentration. Le plus à craindre pour une personne allergique est un vent modéré, car il maintient les grains dans l'air sans amoindrir leur concentration… Gare alors à vos muqueuses et à vos bronches !

Au contraire, la pluie et l'humidité jouent un rôle bénéfique, car elles alourdissent les grains de pollen et empêchent ainsi leur trop grande dispersion au vent. En somme, de fortes pluies peuvent plaquer les pollens au sol.

Enfin, un phénomène essentiel, dont vous allez entendre beaucoup parler, est celui de l'inversion de température. La température est alors plus élevée en altitude qu'au sol. Cela implique que l'air au niveau du sol, chargé en pollen, ne peut pas s'évacuer vers le haut, car il est trop froid et par conséquent trop lourd. L'inversion de température favorise donc la concentration du pollen dans les couches d'air proches du sol, celles que vous respirez…

Le savez-vous ?

Il y a des saisons particulières pour la pollinisation. Elles varient bien sûr selon les espèces végétales, les régions et, nous venons de le voir, les conditions météorologiques. En France, la pollinisation hivernale s'étend de la fin du mois de janvier jusqu'au mois d'avril ou de mai ; elle concerne des pollens d'arbres et d'arbustes. La pollinisation d'été, qui débute en mai ou juin et perdure jusqu'au milieu de l'été, concerne avant tout les graminées. Enfin, à l'automne, les pollens de châtaignier et de tilleul sont à l'honneur, de même que certaines herbacées comme l'ambroisie, dont le pollen est très agressif.

7.

Pourquoi dit-on « Noël au balcon, Pâques au tison » ?

Vous avez sans doute déjà entendu ce dicton, un jour de décembre particulièrement doux, où vous avez pu prendre un verre en terrasse ou vous promener en vêtements légers. Cette expression nous indique qu'il n'y a pas de quoi se réjouir quand les fêtes de Noël se célèbrent dans le jardin, ou les fenêtres grandes ouvertes, en profitant d'une température clémente. Car quand viendra Pâques, les petits dieux de la météo nous feront payer la note, en nous envoyant un temps tellement glacial que nous serons contraints de rester au coin de la cheminée, à tisonner les braises pour ne pas mourir de froid !

Ce célèbre dicton, qu'on répète partout en France et même dans nos territoires d'outre-mer, s'est répandu à la fin du Moyen Âge, lorsque sont apparus les fameux almanachs. On peine aujourd'hui à imaginer combien ces publications annuelles, qui ont fleuri grâce à l'invention de l'imprimerie, étaient alors populaires ! Pendant de nombreuses années, ils réalisaient les meilleurs succès d'édition, après la Bible bien entendu. C'est qu'ils indiquaient, outre le calendrier des saints, les fêtes religieuses et les phases de la Lune, qui étaient des repères essentiels pour les paysans. Mais plus encore, c'était pour leurs prévisions météorologiques que les almanachs étaient à ce point appréciés. En effet, les XVe et XVIe siècles ont vu fleurir les astro-météorologues, qui n'hésitaient pas à prédire dans les astres le temps qu'il allait faire, et qu'on venait consulter à grands frais à la cour du roi. À leurs prévisions s'ajoutaient les conseils que donnaient les anciens en matière d'agriculture et d'élevage, à partir de leurs observations fondées sur le comportement des animaux et le développement des plantes.

Devinette

Pourquoi les dictons de la météorologie évoquent-ils si souvent des saints ? Eh bien, parce que les almanachs et les calendriers, qui bénéficiaient de l'appui de l'Église, désignaient les jours par le saint qui était fêté, et non par un simple chiffre. On ne disait donc pas que s'il pleuvait le 8 juin, il pleuvrait quarante jours plus tard, mais : « S'il pleut à la Saint-Médard, il pleut quarante jours plus tard. » Ce qui constituait par ailleurs un excellent procédé mnémotechnique… Précisons que le dicton ajoute : « S'il fait beau à la Saint-Barnabé (le 11 juin), tout sera arrangé ! »

En l'état actuel de la science pourtant, il semble impossible d'établir une relation entre la météo de deux jours séparés de plus de trois mois ! Malgré tout, des météorologues se sont interrogés : et si le dicton était vrai ? Ils se sont amusés à collecter les températures qui sévissaient dans leur région à Noël et à Pâques en remontant plusieurs dizaines d'années en arrière. Hélas, n'en déplaise aux amateurs de la bonne vieille sagesse populaire, ce dicton ne s'est que très rarement vérifié !

Les météorologues ne s'en sont guère étonnés, car ils savent que toute prévision au-delà de sept jours est très aléatoire, si ce n'est scientifiquement impossible. Alors, à trois mois de distance ! La difficulté est d'autant plus grande que, durant la période de Pâques, l'atmosphère est spécialement chaotique : on assiste en permanence à des journées presque estivales, puis à des retours de vagues de froid, comme s'il y avait une bataille entre l'hiver et le printemps… En outre, Pâques n'est pas une date fixe : selon les années, la fête peut se tenir entre le 22 mars et le 25 avril. On ne peut dès lors établir un temps de référence, tout simplement parce que, entre mars et avril, les températures gagnent en moyenne 3 à 4 °C…

Le savez-vous ?

Dans le nord des États-Unis et au Canada, l'une des plus grandes fêtes populaires a pour but de prévoir le temps qu'il fera au printemps, et cela à partir du réveil... d'une marmotte ! C'est le Groundhog Day (le jour de la Marmotte) célébré le 2 février, jour de la Chandeleur. Toutes les caméras du pays sont alors fixées sur le terrier d'une marmotte ! Si elle émerge et retourne tout de suite dans son terrier, c'est que l'hiver continuera encore pendant six semaines. Cet événement a servi de contexte au célèbre film *Un jour sans fin*, avec Bill Murray.

8.

Pourquoi les grenouilles prévoient-elles le temps ?

Vous connaissez tous cette histoire, bien ancrée dans la tradition populaire : placée dans un bocal avec un peu d'eau, quelques insectes et une petite échelle, une grenouille vous indiquera le temps qu'il fait par sa position sur les barreaux ! On obtiendrait ainsi, à peu de frais, un véritable baromètre naturel !

Plaisanterie ? Croyance populaire ? Comme souvent, il y a un fond de vérité dans cette recette née de l'observation de la nature. Tout repose sur les insectes placés dans le bocal, nourriture favorite de la grenouille. Lorsque le mauvais temps approche, l'humidité alourdit les ailes des insectes. Ils volent donc bas, à portée de la langue du batracien, qui peut rester paisiblement installé dans son fond d'eau. En période de temps sec au contraire, les insectes volent plus haut, si bien que la grenouille sera obligée de grimper sur son échelle pour gober ses proies ! C'est ainsi que la rainette verte – une des rares grenouilles à être capable de grimper aux arbres, donc aux échelles – a longtemps servi de baromètre, notamment dans les campagnes, où la connaissance de la météo était primordiale car il s'agissait de moissonner avant que la pluie ne saccage tout. Évidemment, la fiabilité n'était pas parfaite, mais à une époque où les bulletins météo n'existaient pas encore, ce procédé a rendu de fiers services !

La grenouille n'est d'ailleurs pas le seul animal à posséder cette hypersensibilité météorologique. Si vous avez un animal de compagnie, vous avez dû constater qu'il pouvait changer de comportement en fonction du temps. Votre chien, par exemple, se montre souvent nerveux quand un orage s'annonce, et cela avant même que vous n'entendiez le moindre grondement de tonnerre. Il peut se mettre à gratter frénétiquement le sol, en répondant à son instinct qui poussait ses ancêtres à se blottir au fond d'un terrier pendant les orages, ou encore hurler à la mort en tournant sur lui-même. C'est qu'il a une ouïe exceptionnelle qui lui permet d'entendre, bien avant vous, les coups de tonnerre les plus lointains ! Les chevaux expriment eux aussi leur anxiété lorsqu'un changement de pression augure un orage : cherchant un abri, ils trottent nerveusement le long de leur enclos. Il faut dire que la foudre continue de faire beaucoup de victimes dans les troupeaux… En août 2016, dans un parc national de Norvège, trois cents rennes ont été foudroyés lors d'un violent orage ! Quant aux vaches, lorsque la pression atmosphérique baisse, elles se couchent dans les prés. Leurs propriétaires savent qu'il faut y voir le signe d'une pluie imminente.

Cette question de l'hypersensibilité météorologique passionne les éthologues, les scientifiques qui s'intéressent au comportement de nos amies les bêtes. L'Américain Simon Robson estime que si la plupart des animaux sont capables de détecter un orage, c'est parce qu'ils manifestent une grande sensibilité aux variations de pression atmosphérique. Ainsi, une chute brutale de la pression, comme celle qui annonce un orage, leur procurerait un sentiment de malaise. C'est pourquoi ils deviennent alors anxieux, voire agressifs. Même certains insectes y sont sensibles : les guêpes sont plus promptes à piquer, tandis que les abeilles refluent vers la ruche pour s'abriter !

Le savez-vous ?

Si au Canada, c'est une marmotte qui est observée pour prédire la rigueur des hivers, en France, ce sont les ours du zoo de Thoiry ! En effet, ces sympathiques plantigrades réduisent leurs rations alimentaires et creusent des tanières profondes avant d'hiberner. S'ils le font très tôt dans la saison, il faut y voir le signe que l'hiver sera très froid ! Mais les animaux, comme les humains, font parfois des erreurs : leur comportement n'est pas toujours une preuve infaillible du temps qu'il fera !

Bien évidemment, ces baisses de pression n'affectent pas toutes les espèces de la même façon, certaines y sont plus sensibles que d'autres. Il en va de même pour le taux d'humidité atmosphérique, qui affaiblit les insectes et les batraciens, nous l'avons vu, mais plus encore les escargots et les limaces, dont la peau se déshydrate très vite ! La forte humidité qui précède souvent les pluies les incite à sortir, de même que les vers de terre. À l'inverse, les chiens et les chats se soucient fort peu du taux d'humidité !

Globalement, les mammifères semblent les moins doués pour nous alerter des changements de temps, sans doute parce qu'ils sont plus gros et moins menacés par les intempéries. Toutefois, les taupes sont de bonnes indicatrices… c'est d'ailleurs paradoxal, car on pourrait les croire à l'abri de tout ! Mais, quand des pluies diluviennes menacent, elles creusent des galeries proches de la surface, car elles craignent d'être noyées dans leurs taupinières en restant au fond ! Exposés au même risque, les mulots et les campagnols préfèrent quitter leurs galeries. Vous saurez donc maintenant que si vous apercevez, dans votre jardin, de petits monticules de terre toute fraîche, ou bien un ou deux petits mulots courant à travers la pelouse, il y a peut-être un risque de déluge. Confrontée à une pluie imminente, la coccinelle, elle, refuse de s'envoler. En revanche, si, au crépuscule, les moucherons se rassemblent et ne cessent de tournoyer dans l'air du soir, c'est que le temps est sec et qu'il fera beau le lendemain !

Devinette

Pourquoi dit-on que lorsque les hirondelles volent bas, il s'apprête à pleuvoir ? Si vous vous souvenez de l'exemple de la grenouille sur son échelle, vous aurez peut-être une idée… Cette fois encore, ce sont les insectes qui sont en cause : lorsque la pression est basse et que l'humidité augmente, les insectes volent bas. Ils obligent donc leurs prédateurs à faire de même ! C'est donc pour attraper un maximum d'insectes que les hirondelles tournoient au ras du sol. Toutefois, la chute de la pression atmosphérique peut aussi perturber l'oreille des oiseaux, qui préfèrent pour la plupart cesser de voler, ou voler très bas. De même, quelques minutes avant qu'il se mette à pleuvoir, les oiseaux cessent de chanter.

Même les poissons sont capables de nous annoncer un danger météorologique. Les requins, par exemple, pressentent un cyclone plusieurs jours avant qu'il ne survienne ! Ils plongent dans des eaux beaucoup plus profondes que celles dans lesquelles ils évoluent habituellement. Ce comportement a tellement intrigué les scientifiques qu'ils ont procédé à des recherches et trouvé le fin mot de l'histoire : la prescience des requins, et de certains autres poissons, est due à la forte électricité conduite dans l'eau par l'ouragan lorsqu'il s'approche. Enfin, de nombreux plongeurs ont sauvé leur vie en observant la fuite des bancs de poissons vers la haute mer, une heure ou deux avant le terrible tsunami qui a ravagé les côtes de l'océan Indien, en 2004... En effet, avant que la vague de submersion n'arrive, les tsunamis propagent des ondes, que nous ne percevons pas, mais que beaucoup d'animaux peuvent ressentir !

Éclaircie

La prévision des variations de température est essentielle à la quantité de lait produit par les vaches ! La chaleur excessive durant l'été entraînerait une perte de deux à trois litres de lait par jour. Heureusement, pour limiter ces pertes, ces braves ruminants anticipent les variations météorologiques. Lorsqu'il fait chaud, les vaches restent sur leurs pattes pour se rafraîchir en exposant leur corps aux courants d'air. À l'inverse, elles s'allongent pour préserver leur chaleur corporelle en cas de fraîcheur. Si les vaches se couchent quelques minutes avant un orage, ce serait donc pour se réchauffer en prévision de la chute des températures !

9.

Pourquoi pleut-il ?

Nous sommes tellement habitués à la pluie qu'on ne se demande même plus pourquoi il pleut. Pas plus qu'on ne tente de savoir pourquoi l'eau du ciel nous parvient sous forme de fines gouttes, et non par paquets d'eau entiers ! Tout cela nous semble parfaitement normal et naturel… Pourtant, les mécanismes à l'origine de la pluie peuvent apparaître comme un petit miracle, un de ceux que la Terre nous offre tous les jours. Et comme les précipitations sont essentielles à notre environnement et à toutes nos ressources alimentaires, avouez qu'elle mérite qu'on s'intéresse un peu à elle !

Le phénomène pluvieux, qui s'intègre à celui du cycle naturel de l'eau, est en fait assez simple à comprendre. Il joue sur les différentes formes que peut prendre l'eau à la surface de notre planète : solide, liquide et gazeuse. Lorsque le sol est chauffé par le Soleil, l'air proche du sol se réchauffe lui-même et monte en température. Il se dilate, devient plus léger, et commence à s'élever en altitude. Pour peu que le sol soit humide, cette masse d'air ascendante emporte avec elle l'humidité du sol… Et inutile de dire que si le phénomène se déroule à la surface de l'océan, la quantité de vapeur d'eau emportée sera encore plus importante ! Mais plus cette masse d'air chaud et humide s'élève, plus elle se refroidit, car la température diminue avec l'altitude. À un certain point, la température est si basse qu'elle ne permet plus à la vapeur d'eau de se maintenir sous une forme gazeuse. Il lui faut passer à l'état liquide : c'est ce qu'on appelle la condensation ! La vapeur d'eau se transforme donc en de minuscules gouttelettes d'eau liquide, ou bien, si la masse d'air se refroidit encore, en microcristaux de glace. C'est alors que se forme le nuage, constitué d'un mélange d'air et de microgouttes d'eau liquide (ou de cristaux). Petit à petit, ces gouttelettes invisibles à l'œil nu s'agglomèrent entre elles, autour des poussières et des microparticules contenues à l'intérieur du nuage. Et plus le nuage monte vers des couches d'air froid, plus ces gouttelettes grossissent. Au bout d'un certain temps, elles deviennent trop lourdes pour rester en suspension dans le nuage, et n'ont d'autre choix que de tomber jusqu'au sol : il pleut !

Devinette

Quelle taille peuvent atteindre les gouttes de pluie ? Les plus grosses, les gouttes d'orage, mesurent généralement 6 mm, soit la taille d'un petit pois. Mais la plupart des gouttes de pluie varient entre 1 et 3 mm de diamètre, tandis que les gouttes de bruine ne dépassent pas 0,5 mm. Les microgouttes qui constituent les nuages sont beaucoup plus petites (entre 0,01 et 0,1 mm), ce qui explique qu'elles restent en suspension dans les airs. Rendez-vous compte : il faut environ un million de microgouttes pour faire une goutte de pluie !

Mais, vous le savez, toutes les pluies ne se valent pas : le nombre et la taille des gouttes peuvent varier du tout au tout. Rien de commun, en effet, entre une bruine fine et presque impalpable, et les pluies torrentielles d'un orage, dont les énormes gouttes semblent littéralement s'écraser sur le sol ! Tout dépend d'abord de la nature du nuage, puis des trois éléments que la pluie va rencontrer dans sa chute : le vent, la température, et l'humidité générale de l'atmosphère.

L'humidité générale et les basses pressions qui l'accompagnent vont avoir tendance à produire des averses longues et uniformes. Vous verrez alors la pluie tomber sur tout le paysage de façon régulière, longtemps et sans grande intensité. Les nuages sont alors de type stratus ou stratocumulus : horizontaux et uniformes, ils forment une vaste couche grise qui bouche complètement le ciel. En raison de ces nuages, on classe ce type de pluie dans la catégorie des « précipitations stratiformes ». Il faut l'avouer, ce sont les plus déprimantes ! Mais vous obtiendrez un certain succès si, lors de la prochaine vague de pluie, vous vous exclamez : « Oh, une précipitation stratiforme ! », au lieu du « Oh, il pleut ! » traditionnel…

L'autre grand type de pluies, ce sont les « précipitations convectives ». Très localisées, elles concernent de petites surfaces et tombent de façon aussi brutale qu'intense ! Vous les connaissez, ce sont celles qui peuvent inonder votre jardin alors même qu'à 5 km de chez vous, il fait on ne peut plus beau ! Ces pluies surviennent quand l'air est très instable, c'est-à-dire lorsque de petites zones de basse pression côtoient directement des zones de haute pression. Ces contrastes atmosphériques sont à l'origine de vents ascendants, propices à la formation des nuages de type cumulus, voire des fameux cumulonimbus, ces énormes nuages d'orage. La pluie tombera alors abondamment et à grosses gouttes. Et comme le vent est souvent présent lors de ces épisodes orageux, il pourra produire des rafales de pluie cinglante, qui tomberont en diagonale contre les carreaux de vos fenêtres.

Examinons maintenant les gouttes de pluie elles-mêmes. Je suis sûr que si je vous demande d'en dessiner une, vous allez la représenter en forme de poire, comme les gouttes qui s'écoulent lentement d'un robinet un peu fuyant… Et pourtant, les gouttes qui tombent du ciel ne prennent pas cette forme ! En effet, si elles sont parfaitement sphériques lorsqu'elles s'évadent de leur nuage, les gouttes sont ensuite déformées par la résistance de l'air, qui les aplatit à la base. Elles se rapprocheraient donc de l'aspect d'une soucoupe volante à fond plat…

Il faut dire que les gouttes de pluie tombent à une vitesse d'environ 30 km/h. La résistance de l'air, alliée au faible poids des gouttes, les empêche d'aller plus vite. Un parachutiste en chute libre dégringolera donc beaucoup plus vite que des gouttes de pluie, puisqu'il peut atteindre 190 km/h. Sachez enfin que les gouttes peuvent rarement dépasser une taille maximale de 5 à 6 mm de diamètre. Au-delà, la friction de l'air au cours de la chute impose à la goutte une déformation qui finira par la fractionner en deux gouttes distinctes ! Enfin, la taille variable des gouttes explique qu'elles ne tombent pas forcément à la même vitesse : généralement, plus la goutte est grosse, plus elle sera freinée par l'air.

Pour terminer, quelques précisions qui vous permettront de mieux comprendre les futurs bulletins météo que vous entendrez. Quand je vous annoncerai une pluie faible, c'est que vous pourrez presque distinguer les gouttes, tant elles sont rares dans le ciel ! C'est une pluie qui mouille assez peu : en termes de pluviométrie, on parlera de 2 millimètres d'eau par heure, c'est-à-dire l'équivalent de deux litres d'eau par mètre carré seulement… Pas forcément de quoi réjouir les jardiniers. Si je parle d'une pluie modérée en revanche, vous aurez du mal à distinguer les gouttes entre elles, mais vous les verrez rebondir sur le sol. Pour les jardiniers, c'est la pluie idéale, car à raison de 4 à 7 mm d'eau par heure, elle pénètre lentement la terre et hydrate bien les racines sans raviner les sols. Enfin, si je vous annonce de fortes précipitations, sachez qu'il tombera au moins 8 mm d'eau par heure. Vous entendrez frapper la pluie sur les toits et les vitres, et que les gouttes « rebondiront » sur les trottoirs. Hélas, cette pluie tombe si fortement qu'elle a tendance à ruisseler à la surface en emportant tout sur son passage. Pas très bon pour les jardins…

Éclaircie

Si vous observez, sur votre peau ou sur un verre en train de sécher, le trajet de l'eau, vous verrez parfois deux petites gouttes se rejoindre et s'agglomérer instantanément pour ne plus former qu'une grosse. Les scientifiques nomment ce mécanisme la « coalescence ». Or, la coalescence explique certains phénomènes qui ont sans doute déjà retenu votre attention : par exemple, le fait que vous puissiez remplir votre verre un petit peu plus qu'à ras bord ! Cette coalescence joue aussi un rôle fondamental dans le transport du sang dans nos veines, ou celui de la sève dans les plantes. Mais elle ne nous rend pas toujours service, c'est pourquoi les scientifiques se sont penchés sur des méthodes qui peuvent la contrarier dans certains cas. Ils ont ainsi réussi à mettre au point de la peinture qui s'étale plus facilement, de l'encre d'imprimante qui ne sort pas en grosses gouttes, ou encore des pesticides qui couvrent bien les feuilles de vos rosiers, au lieu de perler et de retomber au sol. Enfin, sachez que c'est également grâce à la coalescence que certains insectes peuvent se déplacer sur l'eau, en profitant de la tension qui existe à la surface.

10.

Pourquoi les cyclones ont-ils un œil ?

Vous connaissez tous l'œil du cyclone, dont le nom est d'ailleurs devenu synonyme, dans le langage courant, d'une situation particulièrement dangereuse ! En météorologie, l'« œil » est la zone presque circulaire qui définit le centre d'un cyclone, ce redoutable phénomène à l'origine de vents d'une extrême violence. Le terme est d'ailleurs équivalent à celui de typhon et d'ouragan : on parlera plutôt d'ouragan dans l'Atlantique nord, de typhon en Asie, et de cyclone partout ailleurs.

Le cyclone est une dépression de plusieurs centaines de kilomètres de diamètre, dans laquelle des vents furieux entraînent une énorme masse nuageuse dans un mouvement en spirale. Au centre, son œil est une région de très basse pression et de chaleur inhabituelle, de 30 à 60 km de diamètre le plus souvent, entourée d'un mur de nuages. C'est le contraste de pression et de température entre cet œil et les masses d'air environnantes qui crée le mouvement tourbillonnant.

Paradoxalement, l'œil du cyclone est l'endroit le plus calme de ce redoutable phénomène météorologique. En effet, bien qu'il soit entouré d'une énorme masse nuageuse, l'œil du cyclone reste bien dégagé, si bien qu'un beau ciel bleu y règne ! C'est pourquoi, sur les images satellites, l'œil prend l'aspect d'un trou au milieu d'une mer de nuages. Plus étonnant encore, les vents y sont très faibles : à peine 30 km/h ! Il est même fréquent que, dans les zones traversées par un cyclone, les habitants sortent de leur abri en pensant le calme et le beau temps revenus… alors qu'ils se trouvent au cœur de l'œil ! Sur mer, en revanche, l'œil du cyclone est mortellement dangereux : agitées en tous sens par le tourbillon des vents, les vagues y sont propulsées de façon totalement anarchique ! Les lames s'entrechoquent et forment, en se rencontrant, des crêtes vertigineuses, qui font chavirer les navires.

Le savez-vous ?

Aujourd'hui, des avions spécialement équipés par les services météorologiques pénètrent dans l'œil des cyclones pour y faire des relevés et tenter de mieux comprendre les mécanismes à l'œuvre dans leur formation. Eh oui, nous en sommes encore à apprendre comment naissent les cyclones et comment ils se déplacent !

Mais si l'œil du cyclone est plutôt calme, il est ceinturé par un véritable « mur de nuages », de plusieurs kilomètres de haut, tourbillonnant à une vitesse folle ! Ce mur est constitué d'énormes cumulonimbus, qui se nourrissent de l'évaporation extrême de l'eau de mer, et sont entraînés par les vents dans un mouvement ascendant tout autour de l'œil. C'est sur ce mur qu'on enregistre les vents les plus violents dans un cyclone puisqu'ils soufflent en moyenne entre 200 et 300 km/h, parfois davantage ! Il ne se forme vraiment qu'à partir de 500 à 2 500 mètres d'altitude, mais il peut s'élever jusqu'à 10 000 mètres d'altitude ! Arrivé tout en haut, il s'évase comme un entonnoir.

ŒIL DU CYLONE

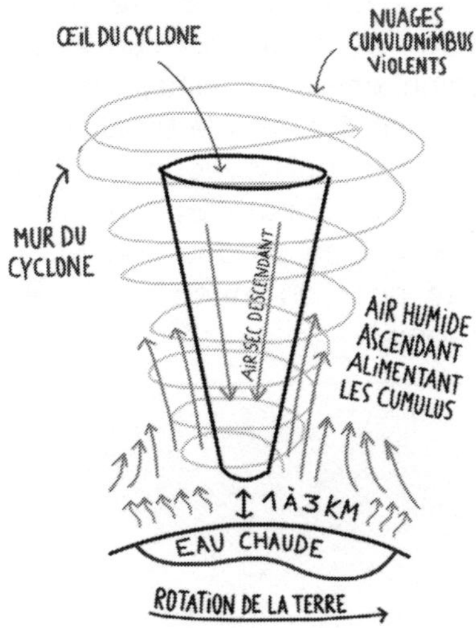

Mais comment se forme cet œil, et surtout, comment se maintient-il pendant la durée du cyclone ? Eh bien, ces questions restent encore très mystérieuses ! On comprend bien que la rotation très rapide du système entretient le centre dépressionnaire de l'œil. Et cette très forte dépression entraîne un effet de subsidence : c'est-à-dire que de l'air descend à l'intérieur de l'œil, mais à faible vitesse et en tournant dans le sens inverse des vents du « mur de nuages » ! Combiné aux vents violents qui soufflent tout autour, cet air descendant empêche les nuages de se former dans l'œil. Le vide se maintient, tandis que tout autour les cumulonimbus continuent de se gorger d'eau, et cela tant que les eaux de la mer sont suffisamment chaudes.

Éclaircie

On dit souvent que l'expression « l'œil du cyclone » est employée à tort pour décrire une situation dangereuse, car il s'agit au contraire d'un endroit très calme… Mais l'expression est-elle vraiment impropre ? Sur terre, nous l'avons vu, l'œil constitue effectivement une zone de répit, mais le calme qui y règne est trompeur et annonce de terribles destructions… Et, sur mer, l'œil d'un cyclone est considéré comme un des endroits les plus dangereux de la planète pour un marin. L'expression ne semble donc pas usurpée !

11.

Pourquoi y a-t-il des giboulées en mars ?

Dans notre pays, le mois de mars se situe à un moment charnière, à la fin de l'hiver et au début du printemps. Nous pouvons déjà bénéficier d'un air doux, qui remonte parfois de la Méditerranée, mais sans être à l'abri d'un air très froid, qui peut encore glisser du nord. Lorsque ces deux airs se rencontrent, ils provoquent souvent de l'instabilité, et donc ces fameuses giboulées de mars : des averses aussi soudaines que brèves, qui peuvent être accompagnées de bourrasques ou de grêle, alternant avec un beau soleil !

Mais que se passe-t-il précisément ? Et pourquoi ce phénomène climatique n'a-t-il pas lieu lors d'autres changements de saison ? Vous allez comprendre. À la fin de la saison hivernale, l'air froid reste bien installé en altitude, notamment sur la moitié nord du pays. Mais le Soleil commence à réchauffer de plus en plus les basses couches de l'atmosphère, les plus proches du sol. En outre, de l'air chaud peut remonter des régions méditerranéennes. Il survient donc un contraste de températures entre basse et haute altitude, ce qui crée l'instabilité de l'air pris en sandwich entre ces deux couches !

En effet, l'air chaud en provenance du sol a tendance à monter. Mais ces courants ascendants, lorsqu'ils se heurtent au tampon de l'air froid, deviennent de véritables fabriques à nuages ! Des nuages très instables, comme les cumulus congestus, ou encore les fameux cumulonimbus… Toutefois, ces nuages ne réagissent pas comme en plein été, où ils peuvent atteindre des altitudes vertigineuses et provoquer des orages. Ils n'en contiennent pas moins des vents verticaux très violents, qui vont projeter les gouttes d'eau en altitude et ainsi favoriser l'apparition de cristaux de glace. Pour cette raison, les giboulées peuvent être accompagnées de grêlons ou parfois de quelques flocons de neige ! En somme, les giboulées établissent une sorte de trouée dans l'air tiédi que nous respirons près du sol, et l'air glacial de l'altitude nous saisit brusquement !

Évidemment, la température chute d'un seul coup sous l'effet des précipitations glaciales qui tombent au sol. Mais, après ces giboulées, vous l'avez constaté, on assiste à une amélioration rapide : le ciel redevient bleu, le soleil brille à nouveau… et les températures repartent à la hausse ! C'est le principe des giboulées : cela ne dure pas. En revanche, le même phénomène peut se reproduire plusieurs fois de suite, dans un même après-midi !

En France, ce sont les régions côtières qui connaissent le plus de giboulées, ou plus exactement, les rivages de l'Atlantique. Vous avez bien sûr deviné pourquoi : la température de l'océan y est plus douce que celle de l'air au-dessus des terres. Les giboulées sont par ailleurs plus fréquentes au nord qu'au sud de la Loire. Quant aux côtes méditerranéennes, sauf en Corse autour d'Ajaccio, elles ne connaissent ce phénomène qu'exceptionnellement… Enfin, le mois de mars n'a pas le monopole des giboulées. Pour peu que l'hiver soit assez long ou le printemps mitigé, les giboulées peuvent se prolonger depuis le mois de février jusqu'au mois de juin !

Devinette

Comment l'image satellite permet-elle de prévoir les giboulées ? Parce que les cumulus congestus, qui en sont les principaux responsables, ont des formes très particulières : ils dessinent comme une mer de petites vaguelettes à la traîne de la masse nuageuse… Sur une image satellite, ils se reconnaissent très bien et ressemblent à de tout petits points. Si nous sommes au printemps, et qu'on commence à profiter d'un redoux, leur apparition peut être synonyme de giboulées sur la zone concernée ! En tout cas, il y a un risque d'instabilité et d'averses.

12.

Pourquoi peut-on observer des arcs-en-ciel après la pluie ?

Depuis la nuit des temps, les hommes sont fascinés par la beauté magique des arcs-en-ciel, qui se produisent toujours, vous le savez, lorsque le soleil apparaît peu après la pluie. Les Grecs voyaient même dans ce somptueux phénomène la trace du passage d'Iris, la messagère des dieux ! Mais, en 1660, le célèbre savant anglais Isaac Newton, véritable légende de la physique moderne, apporte une explication scientifique à ce phénomène. Il découvre, en faisant traverser un prisme de verre à un rayon lumineux, que la lumière de notre Soleil se décompose en toutes les couleurs du spectre visible : c'est ce qu'on nomme communément la réfraction. Et, surtout, Newton comprend que les gouttelettes de la pluie agissent comme des prismes ! Vous allez vous aussi comprendre…

Sachez d'abord que pour contempler un arc-en-ciel, plusieurs conditions indispensables doivent être réunies, outre le fait qu'il pleuve… Tout d'abord, il faut que le Soleil soit assez bas dans le ciel : c'est pourquoi on voit rarement des arcs-en-ciel en plein midi. Le reste concerne surtout votre propre position par rapport au phénomène : il est nécessaire que le Soleil se trouve dans votre dos, et qu'un rideau de pluie tombe devant vous. Que se passe-t-il alors ? Pour simplifier, disons que ce rideau de pluie dans le ciel va agir comme un grand miroir, dans lequel vous apercevrez, puisqu'il se trouve derrière vous, le reflet du Soleil. Mais ce miroir aurait un pouvoir bien particulier : il ne reflète pas directement la lumière blanche du Soleil, mais toutes les couleurs qui la composent, à savoir le rouge, l'orange, le jaune, le vert, le bleu et enfin le violet ! C'est-à-dire l'ensemble du spectre visible, compris entre l'infrarouge et l'ultraviolet.

LES ARCS-EN-CIEL

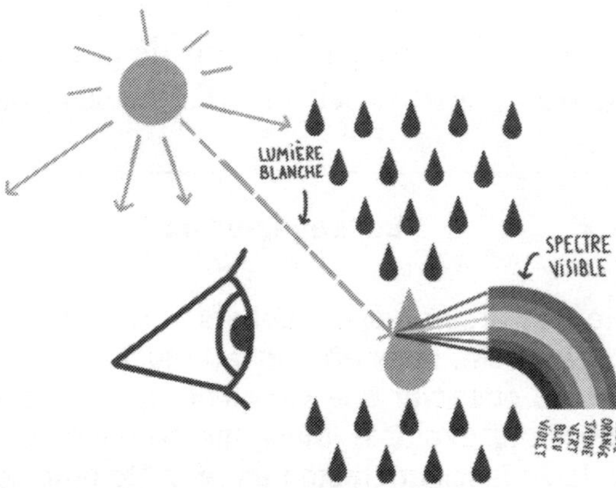

Plus précisément, chaque goutte de pluie agit à la fois comme un prisme et comme un miroir. Et c'est là que l'expression « se ressembler comme deux gouttes d'eau » prend tout son sens… En effet, chaque goutte va diffracter et refléter la lumière de façon invariable, ce qui explique pourquoi le bandeau multicolore d'un arc-en-ciel est si régulier. Mais me direz-vous, si toutes les gouttes reflètent la lumière de la même façon, pourquoi certaines vont-elles nous apparaître rouges, d'autres oranges, d'autres jaunes… ? Cela dépend de la hauteur de la goutte dans le ciel ! Toutes les gouttes situées à une même hauteur et à une même distance par rapport à l'observateur vont apparaître d'une certaine même couleur.

Ce phénomène explique également la forme courbe de l'arc-en-ciel, qui n'a rien à voir avec la rotondité de la Terre. Avant même d'être une manifestation météorologique, l'arc-en-ciel est un phénomène d'optique que la nature réserve à vos beaux yeux seulement ! En tant qu'observateur, vous êtes donc au centre de cette apparition, et c'est autour de ce centre que se dessinent ces arcs de couleurs, qui conservent sur toute leur longueur une équidistance parfaite par rapport à vous. Un peu comme avec un compas dont vous seriez la pointe... D'où cet arc parfait, d'une rigueur toute géométrique. Quant à la forme de l'arc, elle varie en fonction de la position du Soleil : plus il est haut dans le ciel, plus l'arc nous apparaîtra aplati.

Le savez-vous ?

Il existe des arcs-en-ciel « entiers », qui ne dessinent pas un arc de cercle, mais un anneau multicolore complet ! On ne peut les observer que lorsqu'on est en altitude, à bord d'un avion par exemple. Mais, même dans ces conditions, ce spectacle fascinant reste très rare. Comme souvent avec les phénomènes visuels insolites de la météo, il s'agit de se trouver au bon endroit au bon moment.

Un arc-en-ciel est parfois accompagné de son frère jumeau, un peu plus discret. La prochaine fois que vous aurez la chance de vous trouver face à ce phénomène lumineux, soyez attentifs à ce frère caché : cherchez dans le ciel au-dessus du premier arc, et il se peut que vous en trouviez un second, plus grand mais aux couleurs plus pâles. Une fois encore, ce double n'a rien de magique. Il provient d'une double réflexion de la lumière dans les gouttelettes d'eau. D'ailleurs, vous savez qu'un miroir ne vous reflète pas tel que les autres vous voient : il vous renvoie une image inversée. Eh bien, il en va de même pour ce deuxième arc. Observez-le bien quand vous le pourrez : ses couleurs sont inversées par rapport au premier !

Mais il est un phénomène encore plus rare que l'arc multicolore : l'arc blanc ! Vision féerique par excellence, cette version « hivernale » nous apparaît comme un arc-en-ciel privé de ses couleurs, sans que cela n'atténue en rien sa beauté. Ce phénomène est si rare que le photographe Melvin Nicholson a reçu les louanges de la presse britannique pour le cliché d'un arc blanc surplombant un arbre isolé, au milieu la plaine enneigée de Rannoch Moor, en Écosse. Les Britanniques ont baptisé ce phénomène d'optique le « *fog bow* » (l'arc de brume), car il apparaît par temps de brume. Le mécanisme est le même que pour l'arc-en-ciel classique, fondé sur la réfraction et la réflexion dans les gouttes d'eau, qui agissent à la fois comme un prisme et comme un miroir. Mais alors, comment expliquer la disparition des couleurs ? Elle est due à la brume : par temps de brouillard, les gouttelettes d'eau en suspension dans l'air sont beaucoup plus fines que lors d'une pluie classique. Ainsi, l'effet de prisme est très atténué, de telle sorte que la lumière solaire ne s'y décompose que très peu et semble rester blanche. En somme, plus les gouttelettes sont fines, plus on a de chance de l'apercevoir, à condition toujours d'avoir le Soleil dans le dos et le voile de brume devant soi.

Le savez-vous ?

Plus les gouttes de pluie sont grosses, mieux l'arc-en-ciel sera visible et ses couleurs éclatantes ! C'est pourquoi les plus beaux arcs-en-ciel sont ceux qui arrivent après un orage ou une forte averse.

13.

Pourquoi les nuages ont-ils des formes variées ?

Mais oui, pourquoi ? Après tout, les nuages sont tous faits de minuscules particules d'eau en suspension dans l'atmosphère. Ils pourraient donc être tous similaires. Et pourtant, il vous suffit de les observer pour constater à quel point ils sont différents et variés ! Leur classement est même si complexe que chaque nuage appartient à pas moins de trois classifications distinctes, avec dix genres, comprenant chacun quatorze espèces, elles mêmes réparties en huit variétés ! Mais retenez surtout qu'il existe dix grands types de nuages, qui portent tous de jolis noms latins, tels que cirrus, stratocumulus, ou nimbostratus, pour ne citer qu'eux. D'où viennent alors ces formes si variées ?

Pour expliquer la diversité de leur aspect, il faut d'abord comprendre comment les nuages se forment. La vapeur d'eau est présente à peu près partout dans l'atmosphère, en quantité variable selon les endroits et selon l'altitude. Lorsqu'elle est suffisamment dense, cette vapeur se condense en gouttelettes, ou bien en cristaux de glace lorsqu'elle se trouve en haute altitude où le froid est intense. Lorsqu'elles s'agrègent en amas, ces gouttelettes deviennent visibles et forment donc les nuages. C'est cette condensation de la vapeur qui rend le nuage visible. Mais selon qu'il est composé d'eau ou de glace, l'effet sera différent !

À très haute altitude, à partir de 6 000 mètres, se trouvent les nuages élevés, qui sont formés de glace, car la température est de – 40 à – 50 °C. C'est le cas par exemple des cirrus, d'un blanc éclatant et identifiables par leur forme fine et élégante, qui évoque des mèches de cheveux ondulantes. À basse altitude en revanche, les nuages sont composés de gouttelettes d'eau, car les températures sont positives. Les plus répandus sont les cumulus, dont la forme et la couleur rappellent celles du chou-fleur !

Mais l'altitude ne fait pas tout, la teneur en vapeur d'eau est tout aussi déterminante. C'est elle qui fera qu'un nuage nous semblera léger et bienveillant, donc peu chargé en humidité, ou au contraire sombre et menaçant, prêt à éclater sous forme de pluie ! En fait, tout dépend de la température ambiante, qui détermine la quantité maximale d'humidité que peut contenir l'atmosphère. Plus l'air est chaud, plus il peut contenir de la vapeur d'eau sans la montrer : la vapeur reste alors sous la forme de microparticules invisibles. Au contraire, lorsque l'air est froid, il ne pourra pas supporter une trop grande quantité de vapeur d'eau sans lancer le processus de condensation : de petites gouttes d'eau vont alors se former, et il va pleuvoir plus rapidement. C'est pourquoi plus il fait chaud, plus les nuages peuvent se charger en vapeur d'eau, et devenir sombres et opaques. Vous comprenez maintenant pourquoi, après une chaude journée d'été, lorsque l'orage gronde et que l'air est lourd, des nuages noirs apparaissent.

L'instabilité des masses d'air peut également influencer la forme des nuages. Par exemple, l'air chaud provoque parfois de violents courants ascendants, qui favoriseront la formation de nuages très chargés en humidité, capables de se développer verticalement jusqu'en haut de la troposphère. Vous les avez reconnus ? Eh oui, ce sont à nouveau nos fameux

Devinette

Existe-t-il des nuages dont la forme ne soit pas d'origine naturelle ? Oui, il s'agit des rails, ces longues traînées de condensation laissées dans le ciel par les avions. Je vous parle souvent de ces traînées dans mes bulletins météo, car elles indiquent avec une bonne fiabilité le temps du lendemain. Si l'avion qui vole à très haute altitude ne dessine pas de traînée de condensation, ou seulement une toute petite qui se dissipe très vite, vous pouvez être sûr à 90 % que, le lendemain, le temps sera encore très beau et ensoleillé. Au contraire, si la traînée de condensation reste très longtemps dans le sillage de l'avion (parfois, l'avion lui-même a disparu depuis longtemps !), dites-vous bien qu'il y a 80 % de chances pour que le jour suivant soit beaucoup moins agréable, car ces traînées persistantes annoncent des nuages et parfois de la pluie. Essayez avec vos amis, vous verrez, cela marchera, vous allez passer pour un magicien ou un vrai météorologue !

Le savez-vous ?

Vous pouvez reproduire les « rails » laissés par les avions dans votre propre jardin, comme le font pour s'amuser nos amis canadiens. Pourquoi eux ? Parce qu'il faut que la température de l'air soit de – 20 °C ! Profitez donc d'un des jours les plus froids de l'année, remplissez tout simplement un pichet d'eau très chaude, puis propulsez l'eau dans l'air. Eh bien, l'eau ne va même pas retomber sur le sol : vous la verrez soudainement se cristalliser et former un nuage ! Et si la douceur des températures ne vous permet pas de mettre en pratique l'expérience, vous pouvez aller voir les vidéos sur Internet !

cumulonimbus, ces gigantesques nuages d'orage en forme d'enclume (cf. « Pourquoi la foudre tombe-t-elle au sol ? »).

D'autres facteurs contribuent encore à modeler la forme des nuages ! Le vent joue évidemment un rôle important : s'il souffle faiblement sur les cumulus, ceux-ci vont s'effilocher et former progressivement une couche uniforme… Ce sont désormais des stratus, dont le nom évoque bien la forme assez morne, en strates horizontales très couvrantes. Lorsqu'ils sont épais, les stratus créent un ciel plombé (et plombant !), que le Soleil ne parvient plus à percer ; ils sont souvent à l'origine de cette petite bruine désagréable qui nous déprime en hiver !

Bien d'autres espèces de nuages sont dues au vent. Ainsi, lorsqu'une brise chargée d'humidité souffle au-dessus d'une montagne, des nuages se forment à son sommet. C'est l'effet « orographique », c'est-à-dire relatif au relief : le contraste brutal de température entre l'air chaud et le sol souvent froid de la montagne entraîne la formation des nuages. En effet, nous l'avons vu plus haut, lorsqu'une particule d'air chaud se refroidit, sa capacité de contenir de la vapeur d'eau diminue : la vapeur va donc se condenser et former un nuage au contact de la montagne. En plaine également, des nuages diffus peuvent se former tout près du sol : c'est la brume et le brouillard… Quant à l'interaction entre de l'air sec et un nuage humide, elle peut parfois produire, sous la base de certains nuages, des mamelons dodus et protubérants, très chargés en humidité : ce sont les célèbres cumulonimbus mamma, qui présagent de fortes pluies !

Enfin, la conjugaison de toutes ces conditions engendre parfois de véritables monstres ! Lorsque les énormes cumulonimbus s'agglomèrent, ils peuvent finir par former des cyclones (cf. « Pourquoi y a-t-il des cyclones ? ») !!

LA FORME DES NUAGES

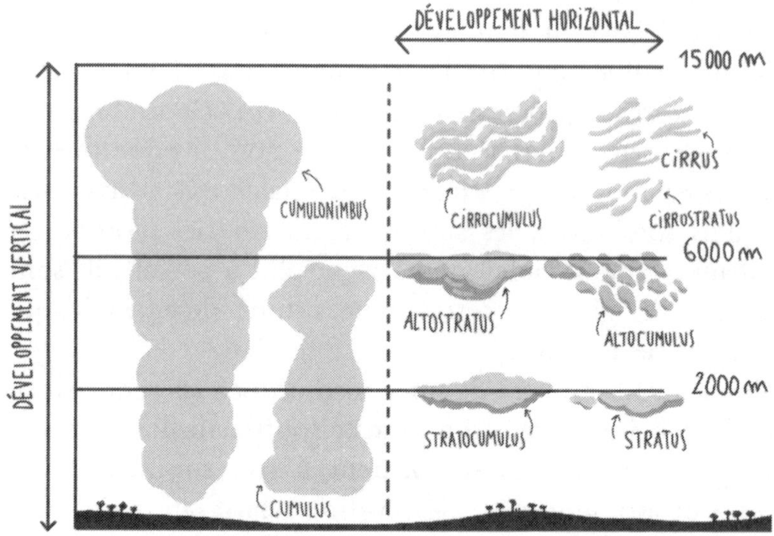

Le savez-vous ?

Si les nuages sont blancs, c'est tout simplement parce qu'ils diffusent la lumière blanche du Soleil qui les frappe. Le physicien Gustav Mie l'a montré dans la théorie qui porte son nom : au sein des nuages, la diffusion des photons s'applique de la même façon à toutes les longueurs d'onde, de sorte que toutes les couleurs du spectre visible sont restituées, le mélange de l'ensemble formant une lumière blanche. Dans l'air au contraire, nous l'avons vu, seule la longueur d'onde du bleu est diffusée… C'est pourquoi les nuages blancs se détachent si bien sur le bleu du ciel !

14.

Pourquoi glisse-t-on sur du verglas ?

Vous vous êtes sans doute déjà retrouvé dans la situation inconfortable de marcher sur un trottoir verglacé, où le moindre de vos pas met en péril votre équilibre tant le sol est glissant... Et c'est encore pire en voiture, lorsque vous sentez votre véhicule échapper totalement à votre contrôle sur une plaque de verglas ! Mais au fait, pourquoi glisse-t-on sur du verglas ? Car, après tout, le verglas est une surface solide, tout comme vos semelles ou vos pneus. Or, en temps normal, deux surfaces solides ne peuvent pas glisser l'une contre l'autre. Pour vous en assurer, essayez donc de patiner sur ce même trottoir quand il est sec...

Cette énigme a longtemps embarrassé les scientifiques. Mais avant de la résoudre, je dois d'abord vous expliquer comment se forme le verglas, qui n'est rien d'autre, vous le savez, qu'un dépôt de glace déposé sur le sol par la pluie ou le brouillard. Mais attention, pas n'importe quelle pluie ! Il faut que ces précipitations soient composées de gouttelettes tout à fait spéciales : des gouttelettes en « surfusion ». Voilà un terme bien peu compréhensible pour le commun des mortels ! Ce qu'il désigne est pourtant tout simple.

Vous savez qu'en temps normal, l'eau gèle à 0 °C. Eh bien, de l'eau en surfusion demeure à l'état liquide alors que sa température est inférieure à 0 °C ! C'est ainsi qu'il arrive que les gouttelettes de pluie ou de brouillard restent liquides alors qu'il fait un froid de canard. Aussi, dès que ces gouttelettes entrent en contact avec le sol gelé, qui est lui-même à une température négative, elles se congèlent et forment une couche de verglas. On parle alors de pluie verglaçante, ou de brouillard verglaçant. D'ailleurs, le verglas ne se dépose pas uniquement sur le sol. Tous les supports lui sont bons : toitures, branches d'arbres, pylônes… et mêmes lignes électriques à haute tension, qui ploient parfois sous le poids du verglas, lorsque la glace s'accumule trop !

Devinette

Qu'est-ce que la glace noire ? C'est le nom que les alpinistes et les Québécois donnent à la fine couche de verglas qu'ils rencontrent sur les routes ou contre les parois rocheuses des montagnes. Contrairement au verglas que nous connaissons, cette glace ne se forme pas à partir d'eau en surfusion, mais à partir de pluie ou de neige fondue, saisie par le gel lors d'une brusque chute des températures. Et si on le nomme « glace noire », c'est parce que ce verglas est tellement transparent qu'il est quasiment invisible à l'œil nu : il laisse donc apparaître la couleur de son support… le plus souvent une route goudronnée, d'où le nom de glace noire ! Cette parfaite transparence vient de la structure de ce verglas, qui a la particularité de contenir très peu de bulles d'air. Or, ce sont ces bulles d'air qui rendent la glace brillante, par effet de réflexion de la lumière, ou bien qui lui donnent cette couleur blanche qu'on admire tant lorsque le verglas emprisonne les rameaux des arbres… Sans ces bulles, la glace serait parfaitement transparente, comme la « glace noire » !

Vous êtes désormais incollable sur la formation du verglas… Nous pouvons donc revenir à notre question première : pourquoi est-il si glissant ? Parce que c'est de la glace, me répondrez-vous, avec beaucoup d'à-propos… Certes, mais la glace n'est pas nécessairement glissante en elle-même. Si le verglas glisse autant, c'est parce qu'à l'instant même où vous posez le pied dessus, il se forme à sa surface une très mince pellicule d'eau, qui agit comme un lubrifiant !

Cette explication a été apportée dès le milieu du XIXe siècle par le savant anglais Michael Faraday, que vous connaissez pour ses travaux sur l'électricité et sa fameuse cage, qui nous protège de la foudre. Mais il aura fallu attendre cent cinquante-sept ans pour que cette simple constatation soit étudiée scientifiquement dans le détail. Des chercheurs allemands, américains et japonais se sont penchés sur le mystère de la pellicule d'eau, en s'appuyant sur des technologies de pointe. C'est un spectrographe qui leur a permis d'analyser la structure chimique de l'eau à travers ses propriétés lumineuses, qu'elle soit liquide ou congelée. Ils ont alors fait cette étonnante découverte : au-dessus de – 38 °C, un morceau de glace posé sur un support, quel qu'il soit, forme une minuscule couche d'eau, imperceptible à l'œil nu puisqu'elle n'atteint que 45 millionièmes de millimètre d'épaisseur ! Puis, à – 16 °C, une deuxième couche d'eau tout aussi fine se superpose à la première. Et, naturellement, cette eau est en surfusion, sans quoi elle regèlerait instantanément.

Ce sont donc ces couches d'eau en surfusion qui ont le rôle de super tapis roulant sur le verglas. Et même si vous vous faites un peu mal en tombant, n'en voulez pas trop à Dame Nature ! Car ce qui rend les plaques de verglas si dangereuses pour tous les piétons est aussi ce qui nous permet de profiter des sports d'hiver. En effet, si les skis glissent si bien sur la neige, c'est parce qu'il se forme, à leur contact, une très fine couche d'eau liquide à la surface de la poudreuse…

Éclaircie

Deux chercheuses américaines de l'Utah, Emily Moore et Valeria Molinero, ont montré que la température minimale que peut atteindre de l'eau en surfusion sans geler est… – 48 °C ! Cela signifie, vous l'aurez compris, que la température n'est pas le seul élément qui entre en jeu dans la transformation de l'eau en glace. La façon dont les molécules d'eau s'organisent entre elles est tout aussi essentielle. Pour qu'il y ait solidification sous forme de glace, il faut qu'elles s'associent de façon à former des petites pyramides à quatre faces. C'est pourquoi l'eau ne gèle pas forcément à 0 °C. Cette découverte est d'une importance capitale pour nous, météorologues et climatologues, car elle nous éclaire sur le comportement des glaciers : l'existence de cette minuscule couche d'eau entre le sol rocheux et les glaciers explique pourquoi les glaciers peuvent avoir tendance à glisser malgré des températures très basses. En outre, elle remet en question des certitudes qu'on estimait acquises : à très haute altitude, malgré des températures très basses, toute l'eau de l'atmosphère pourrait ne pas être gelée ! Or, prédire la teneur en eau ou en cristaux de glace dans les nuages ou dans l'atmosphère est essentiel pour connaître la quantité de rayonnement solaire réfléchie vers l'espace… Vous l'aurez compris, sans une bonne connaissance de tous ces facteurs, de leur mode de formation et de leur fonctionnement, il est difficile de modéliser efficacement les données de la météorologie et surtout celles du climat.

15.

Pourquoi la Loire coupe-t-elle la France en deux ?

Mille fois, vous avez entendu cette petite phrase au début d'un bulletin météo : « La France est coupée en deux : nuages au nord de la Loire, Soleil au sud. » Et il arrive souvent que l'observation se confirme lors d'un voyage en train ou en voiture : au moment où l'on traverse le fleuve, on peut voir le ciel se dégager ou se couvrir subitement, selon qu'on progresse vers le nord ou vers le sud ! La Loire, ce beau fleuve sauvage mais paisible, jouerait-elle un rôle sur la météorologie de notre pays ? Et cela au point de délimiter deux zones bien précises ?

À vrai dire, ce constat est surtout valable à proximité de l'embouchure du fleuve, lorsque, après avoir traversé la ville de Nantes, la Loire forme un estuaire puis se jette dans l'océan Atlantique au niveau de Saint-Nazaire. Ici, le contraste entre les deux rives s'exprime même dans l'architecture des maisons. Vous pouvez l'observer grâce aux images satellites disponibles sur Internet : au nord du fleuve, les maisons sont couvertes en ardoises, matériau réservé aux régions pluvieuses, tandis qu'au sud de l'estuaire, les toitures sont composées de tuiles-canal, caractéristiques des pays de Soleil ! Les archives météo confirment pleinement le contraste : pour l'année 2012, par exemple, on a relevé dans la petite ville de Derval, au nord de l'estuaire, une moyenne de 120 mm de pluie par mois, tandis que les habitants du Pallet, sur la rive sud, n'ont eu droit qu'à… 30 mm !

Comment expliquer ce phénomène ? La largeur de l'estuaire de la Loire, qui atteint jusqu'à 4 km au niveau de Saint-Nazaire, fournit une première explication. En effet, les flux océaniques s'y engouffrent sans résistance : les eaux des marées peuvent remonter le fleuve jusqu'à 30 km dans l'intérieur des terres. L'évaporation qu'elles subissent provoque des courants ascendants puis descendants, qui amplifient la douceur du climat océanique. Mais le vent et la topographie des terres autour de l'estuaire jouent aussi un rôle fondamental dans ces différences de temps. Lorsque les brises côtières soufflent en provenance de l'ouest et du sud-ouest, elles ont tendance à dégager le ciel au sud de l'estuaire. Pourquoi ? Eh bien parce que sur la rive nord de la Loire se trouve une ligne de hauteurs qui forme un relief important : le « sillon de Bretagne ». Or, ces crêtes constituent un obstacle perpendiculaire aux vents qui soufflent depuis l'ouest et le sud-ouest. Les régions au nord de l'estuaire vont donc être privées des effets bénéfiques de cette brise côtière, et davantage exposées aux flux provenant du nord-ouest… qui charrient bien souvent des cumulus de pluie. Le relief du sillon de Bretagne constitue aussi une zone propice au déclenchement des orages… En somme, vous l'aurez compris, si vous recherchez le Soleil, habitez plutôt sur la rive sud !

C'est donc la présence conjuguée de l'estuaire de la Loire et du sillon de Bretagne qui détermine cette « ligne de démarcation » météorologique. Au nord, les vents du nord-ouest apporteront souvent de la pluie ou des nuages,

Devinette

Quel est le pont le plus long de France ? C'est celui de Saint-Nazaire, qui franchit justement l'estuaire de la Loire. Construit entre 1972 et 1975, il atteint 3 356 mètres de longueur, et il n'en fallait pas moins pour franchir le fleuve à cet endroit ! D'ailleurs, le niveau de la Loire peut connaître dans ce secteur des variations de 6 mètres de hauteur sous l'effet des marées. Mais rassurez-vous, vous ne craignez rien : lorsque vous circulez en voiture sur le pont, vous vous trouvez à plus de 60 mètres au-dessus de l'eau !

Éclaircie

La France métropolitaine est divisée en six grandes zones climatiques. Sur la façade ouest, on trouve le « climat océanique du nord-ouest », et le « climat océanique aquitain », deux zones qui se trouvent séparées justement... par l'estuaire de la Loire ! Le centre du pays est couvert par la zone dite de « climat océanique dégradé », qui s'étend de Lille à Clermont-Ferrand, délimitée vers l'ouest par les villes de Rouen, Tours et Limoges, et vers l'est par celles de Reims, Dijon et Lyon. Le nord-est du pays est occupé par la zone de « climat semi-continental », qui comprend notamment la Lorraine et l'Alsace. Au sud, la zone de « climat méditerranéen » s'étend depuis Toulouse jusqu'à Nice. Et pour terminer, quelle est la sixième zone ? C'est celle du « climat de montagne », qui est fragmentée : elle comprend tout le Massif central, les Alpes, les Pyrénées, ainsi que les Vosges et le Jura. Enfin, il va sans dire que notre île de Beauté, la Corse, jouit d'un climat 100 % méditerranéen !

tandis qu'au sud, la brise du sud-ouest favorisera un temps plus ensoleillé ! Mais évidemment, ce contraste de part et d'autre de la Loire n'a rien d'absolu ou de systématique. Même s'il est bien prononcé, il ne s'agit que d'une tendance ! D'ailleurs, les entrées maritimes au niveau de l'estuaire de la Loire ne sont pas toujours bénéfiques : il arrive que l'estuaire reste couvert de brume pendant des jours, alors même qu'il fait beau à l'intérieur des terres !

Enfin, vous aurez compris que ce n'est qu'au niveau de son embouchure que la Loire joue un rôle météorologique. Si elle « coupe la France en deux » comme vous l'entendez souvent dire, ce n'est que de façon très approximative, et en raison de la partition des zones climatiques qui divisent notre beau pays !

16.

Pourquoi l'activité humaine réchauffe-t-elle l'atmosphère ?

La réponse tient en quelques mots : parce qu'elle amplifie le fameux « effet de serre », dont vous avez tous entendu parler. Mais de quoi s'agit-il exactement ?

Une serre, comme chacun sait, est un lieu où l'on cultive des plantes en les mettant à l'abri du froid, à partir d'un principe ingénieux : la structure de verre laisse pénétrer les rayons du Soleil, mais empêche une partie d'entre eux de repartir vers l'espace après s'être « reflétés » contre le sol. Ces rayons invisibles qui restent prisonniers, ce sont les infrarouges. Source de chaleur, ils maintiennent dans la serre une température nettement plus élevée qu'à l'extérieur, ce qui permet de cultiver des légumes en plein hiver, ou de protéger des plantes tropicales qui ne pourraient pas survivre sous nos latitudes. Et si l'on parle d'effet de serre pour notre planète, c'est parce que la Terre est, elle aussi, entourée d'une sorte de serre qui la protège ! Sans elle d'ailleurs, la température à la surface du globe serait en moyenne de – 18 °C, soit autant que sur la Lune, au lieu des agréables 15 °C qu'on connaît actuellement ! Autant dire que la vie ne pourrait pas se maintenir.

C'est notre atmosphère qui joue le rôle de serre ou plutôt certains gaz qui la constituent. Ainsi, la vapeur d'eau assure plus de la moitié de l'effet de serre naturel, bien qu'elle ne représente que 0,3 % du volume de l'atmosphère ! Mais d'autres gaz, comme le méthane ou le gaz carbonique, sont encore plus efficaces : le gaz carbonique (le fameux CO_2 !) est dix fois moins présent que la vapeur d'eau, mais il est responsable de plus d'un quart de l'effet de serre.

Pour bien comprendre le processus, il faut savoir que les deux tiers de l'énergie générée par les rayons venus du Soleil sont absorbés par l'atmosphère, puis par les océans ou les sols. Le tiers restant est réémis par la Terre vers l'espace sous forme de rayons infrarouges. Mais en agissant comme une sorte de miroir, et comme le verre d'une serre, la vapeur d'eau, le CO_2 et le méthane empêchent une partie de ces infrarouges de s'échapper et les renvoient à nouveau vers le sol, qu'ils réchauffent une seconde fois !

Mais, me direz-vous, pourquoi ces gaz atmosphériques laissent-ils passer les rayons lorsqu'ils proviennent du Soleil, et non lorsqu'ils sont reflétés par la Terre ? Tout simplement parce que ces derniers changent de nature. Ceux qu'émet le Soleil sont principalement des ultraviolets, non thermiques, tandis que ceux qui repartent vers l'espace sont des rayons infrarouges, qui portent en eux une chaleur potentielle. Or, les gaz à effet de serre laissent passer les ultraviolets, mais non les infrarouges, qu'ils renvoient vers la Terre comme un joueur de base-ball renverrait la balle qui lui est lancée ! Évidemment, une grande partie du rayonnement infrarouge parvient tout de même à se frayer un chemin à travers les gaz à effet de serre, sans quoi la Terre se transformerait rapidement en une véritable Cocotte-Minute ! Mais plus la quantité de ces gaz augmente dans l'atmosphère, plus l'effet de serre est important.

Vous comprenez maintenant pourquoi l'activité humaine, en pulvérisant dans l'atmosphère davantage de ces gaz, augmente l'effet de serre global. Lorsque nous brûlons des énergies dites « fossiles », comme le pétrole, le gaz ou le charbon, nous produisons d'immenses quantités de CO_2, ou gaz carbonique. C'est pourquoi on parle aujourd'hui, quand on évoque ce type de pollution, de « bilan carbone ». Notre agriculture intensive tend aussi à accentuer l'effet de serre, car elle libère dans l'air du méthane, dont l'effet est encore plus puissant que celui du CO_2. Naturellement produit par la fermentation des marais, le méthane l'est aussi par les rizières, de plus en plus nombreuses, par les déjections animales des élevages, ou même par… la rumination des vaches !

C'est ainsi qu'on assiste à une élévation constante des températures sur notre planète, proportionnelle à l'augmentation de nos activités humaines. En un quart de siècle, la température moyenne a augmenté de 1,5 °C ! Cela peut paraître insignifiant, mais encore quelques petits degrés, et des espèces animales disparaîtront, incapables de s'adapter. Hélas, ce réchauffement lui-même pourrait aggraver l'effet de serre ! La chaleur risque d'accentuer l'évaporation de l'eau des océans, des lacs, des rivières… donc la quantité de vapeur

Le savez-vous ?

L'atmosphère est l'enveloppe gazeuse, plus ou moins épaisse, qui entoure certaines planètes. Sur Terre, elle se compose essentiellement de diazote (78,08 %), de dioxygène (20,95 %) et d'argon (0,93 %), ainsi que d'autres gaz en quantité moindre, dont les gaz à effet de serre. Sur Terre, l'atmosphère crée les conditions indispensables à la vie, en régulant la température moyenne à la surface du globe et en filtrant les rayons ultraviolets nocifs provenant du Soleil. Mais sur la planète Vénus, par exemple, l'atmosphère est un véritable enfer : 450 °C de température moyenne et des vents soufflant en permanence à 350 km/h !

d'eau dans l'atmosphère ! Enfin, la déforestation massive n'arrange rien, car les végétaux sont de gros consommateurs de CO_2 : moins il y a d'arbres, plus le dioxyde de carbone peut s'accumuler dans notre atmosphère.

Une lueur d'espoir toutefois : s'il y a plus de vapeur d'eau dans l'atmosphère, on peut espérer avoir plus d'activité nuageuse. Or, les nuages ont tendance à limiter le rayonnement solaire qui arrive jusqu'au sol, ce qui pourrait contribuer à freiner la hausse des températures…

17.

Pourquoi une chaleur humide est-elle plus difficile à supporter qu'une chaleur sèche ?

30 °C, 35 °C, 40 °C… En été, la chaleur affole les thermomètres. Mais ces chiffres sont-ils révélateurs de la façon dont elle affecte notre corps ? Une forte chaleur est-elle exténuante au point de présenter un risque pour les plus vulnérables d'entre nous, ou, au contraire, idéale pour pratiquer en plein air son sport favori ? La réponse ne va pas de soi, car d'autres paramètres sont à prendre en compte ! J'en veux pour preuve qu'en plein été, un habitant du Luberon s'accommodera d'une température de 40 °C, alors qu'une personne à Bordeaux aura bien du mal à supporter 30 °C… sauf si elle profite d'un vin rafraîchissant, bien sûr ! Entendons-nous bien, je ne prétends pas que les habitants de certaines régions soient plus endurcis que d'autres aux chaleurs extrêmes. Ce que je veux souligner, c'est que la température de l'air mesurée à l'ombre par un thermomètre – qui est la valeur officiellement retenue pour tous les relevés météo – n'est pas le seul facteur impliqué dans l'inconfort qu'éprouve le corps en cas de forte chaleur.

L'autre grand responsable, vous l'aurez deviné, c'est l'humidité ! D'ordinaire, notre organisme compense une hausse de chaleur – interne dans le cas d'un effort physique soutenu, ou externe lorsque c'est la température ambiante qui est en cause – par un mécanisme bien connu : la transpiration. En effet, que la chaleur excessive soit due à un effort physique intense ou à la température ambiante, la transpiration à la surface de la peau permet au corps de se maintenir à une température normale, car l'évaporation des gouttes de sueur crée une très légère fraîcheur : l'excès de chaleur est évacué en vapeur d'eau qui est à son tour absorbée par l'air ambiant.

Mais ce mécanisme efficace sera perturbé par un air chargé en humidité : l'évaporation devient alors difficile, voire impossible quand l'air est saturé. Pourquoi ? Parce que la capacité d'absorption de la vapeur d'eau par l'air est limitée. Si l'air est déjà très humide, il ne pourra absorber celle que notre corps évacue. Dans ces conditions, la sueur colle à la peau et l'organisme ne peut plus se refroidir normalement. Pour les plus fragiles, le risque d'évanouissement ou de « coup de chaud » augmente. C'est pourquoi une chaleur sèche est bien plus tolérable qu'une chaleur humide, qui fera paraître la température bien plus élevée qu'elle ne l'est réellement : on parle alors de température ressentie. Malheureusement, ce phénomène de chaleur humide peut aussi toucher certains lieux confinés comme une salle de sport : puisque tout le monde y transpire, l'air est rapidement saturé d'humidité et la chaleur devient vite insupportable !

La mesure stricte de la température de l'air ne renseigne donc pas sur la pénibilité de la chaleur ressentie, qui peut présenter des risques bien réels pour la santé de tous, lorsqu'elle est excessive. Pour mieux les évaluer, les météorologues canadiens J. M. Masterton et F. A. Richardson ont mis au point, en 1979, l'indice de confort « humidex ». Il consiste en une formule mathématique qui, à partir du taux d'humidité relative de l'air et de la température ambiante, fournit une estimation de la chaleur ressentie par le corps humain. Mais attention, le résultat n'est pas donné en degrés

Celsius, puisque ce sont les réactions physiologiques à la chaleur qui sont prises en compte ! En outre, cet indice ne tient pas compte de l'ensoleillement ni du vent, qui peuvent avoir un effet aggravant, ou au contraire un pouvoir rafraîchissant.

Pour vous donner une idée, voici à quoi correspondent les différents niveaux d'humidex. Un indice de 20 à 29 correspond à un confort thermique idéal. À partir d'un indice 40, les activités physiques sont vivement déconseillées. Enfin, lorsqu'une forte chaleur s'ajoute à un taux d'humidité très important, on peut atteindre l'indice 50, qui représente le seuil d'alerte.

Le savez-vous ?

Il existe une méthode empirique, bien connue des paysans, pour savoir si un orage se prépare : surveiller le bruit des voitures sur la route. En effet, plus on entend une voiture arriver de loin, plus l'air est chargé d'humidité ! Tout simplement parce que, lorsque l'air est humide, les sons s'y propagent plus rapidement. D'ailleurs, vous remarquerez qu'on n'entend jamais mieux que dans un brouillard très épais. Et pas seulement parce que la perte de visibilité vous pousse à vous concentrer sur vos autres sens !

18.

Pourquoi fait-il plus froid en altitude ?

On pourrait penser que plus on se rapproche du Soleil, plus il fait chaud. C'est l'idée véhiculée par le mythe d'Icare, qui vola si haut que le Soleil finit par lui brûler les ailes… Et, pourtant, c'est bien l'inverse qui se produit : l'air refroidit avec l'altitude. Il vous suffit d'aller en montagne pour le constater : plus on progresse vers les sommets, plus le froid se fait sentir. C'est d'ailleurs pour cela que seules les cimes de nos montagnes sont encore couvertes de neige en été. Et je suis certain que vous frissonnez lorsque, à 10 000 mètres d'altitude, le commandant de bord vous annonce les températures qui sévissent de l'autre côté de votre hublot…

Alors, pourquoi ce paradoxe ? Pourquoi fait-il aussi froid en altitude, alors même que nous nous rapprochons de l'astre flamboyant qui nous brûle la peau en été ? C'est tout simplement parce que, à la surface de notre planète, le Soleil ne peut pas réchauffer directement l'air, mais seulement des corps solides, comme la Terre… ou le corps humain ! Eux seuls peuvent arrêter et capter les photons envoyés par le Soleil, et profiter de la chaleur produite par cette réaction ! On aurait tort de croire, comme on le ferait spontanément, que l'air se réchauffe dès qu'il est traversé par les rayons du Soleil. En réalité, la lumière de notre étoile réchauffe la surface de la planète (continents et océans), qui monte en température et réchauffe à son tour l'air environnant, par rayonnement. Dans la couche atmosphérique dans laquelle nous vivons, qu'on appelle la troposphère, c'est donc bien le rayonnement de la Terre, conjugué à l'action des gaz à effet de serre, qui est à l'origine des températures auxquelles nous sommes habitués. Dès lors, plus on monte en altitude, plus on s'éloigne du sol qui est source de chaleur. Voilà qui pourrait expliquer qu'il fasse plus froid. Mais à vrai dire… ça ne l'explique qu'en partie !

D'ailleurs, vous pourriez m'objecter que, puisque l'air chaud a tendance à monter, celui qui provient du sol devrait s'élever et s'accumuler en altitude, faisant du sommet de la troposphère un authentique sauna ! Et sur le papier, vous n'auriez pas tort… Mais ce serait oublier un élément essentiel pour la thermodynamique de l'air : la pression atmosphérique. Vous en avez tous entendu parler, car elle est une véritable obsession pour les météorologistes, et c'est sur elle que reposent toutes les prévisions météo ! Mais de quoi s'agit-il exactement ?

C'est en quelque sorte le poids de notre atmosphère, ou plutôt celui de la troposphère, qui en constitue la première couche. En effet, même si nous ne le ressentons pas, cette immense quantité d'air qui entoure notre planète jusqu'à 10 km d'altitude a un poids. Et celui-ci est même considérable : environ 4 milliards de mégatonnes ! Si elle n'est pas sensible pour l'homme ou les animaux, cette masse colossale comprime l'air qui se trouve juste à la surface de la Terre, et qui est par conséquent très dense. C'est la pression atmosphérique ! Or, à mesure qu'on s'élève en altitude, le poids à supporter diminue, donc la pression se réduit… Imaginez que vous portez sur vos épaules une colonne remplie d'air, qui s'élèverait jusqu'à 10 km d'altitude. Lorsque vous vous trouvez au niveau de la mer, l'air de cette immense colonne pèse de tout son poids sur vous. En revanche, si vous vous trouvez au sommet du mont Blanc, à 4 808 m d'altitude, vous n'avez plus à supporter qu'une colonne d'air de 5 km de hauteur, elle est donc beaucoup moins lourde et la charge qu'elle exerce sur vous est moindre, au grand soulagement de vos épaules !

Et la température dans tout ça ? Eh bien, elle est directement liée à la pression. En effet, lorsque l'air est fortement comprimé, il devient chaud ! Pour vous en assurer, il vous suffit de prendre une pompe à vélo et de donner plusieurs coups de piston rapides : vous constaterez que le corps de la pompe à vélo se réchauffe. Et pourtant, si vous débranchez la pompe, l'air qui s'en échappe est froid ! C'est ce qu'on appelle, en physique, la détente et la compression adiabatique : quand l'air se comprime, il s'échauffe, et quand il se détend, il se refroidit. Dans notre atmosphère, le même phénomène est observé : la chute de la pression qui se produit avec l'altitude entraîne une forte baisse de la température. C'est pourquoi l'ascension de l'Everest est si difficile : non seulement il y fait extrêmement froid (– 35 °C en moyenne), mais la pression atmosphérique y est aussi très faible ; l'air n'est plus assez dense et il n'y a donc plus une quantité suffisante d'oxygène pour respirer.

Vous devinez maintenant pourquoi l'air chauffé par le rayonnement du sol ne peut pas s'élever indéfiniment… C'est tout simplement parce qu'il se refroidit rapidement (on estime qu'il perd environ 1 °C tous les 200 mètres). Toutefois, un fort taux d'humidité dans l'air peut ralentir la chute de la température, car la condensation de l'eau en gouttes de pluie produit de la chaleur, de sorte que l'air autour du nuage se réchauffe en cas d'averse.

Mais jusqu'à quel point l'air peut-il refroidir ? Que les frileux se rassurent, la chute des températures n'est pas infinie. À environ 10 km d'altitude en moyenne, vous pénétrez dans la deuxième couche de l'atmosphère, la stratosphère. Et ici, la tendance s'inverse : la température augmente avec l'altitude ! De – 50 °C en moyenne à 10 km d'altitude, la température remonte aux alentours de 0 °C à 50 km. Et pourtant, la pression atmosphérique continue de diminuer : à 20 km d'altitude, elle est déjà 20 fois moindre qu'au sol ! Le froid devrait donc être extrême… Mais tout s'explique ! Si la température se réchauffe dans la partie supérieure de la stratosphère, c'est en raison de sa forte concentration en ozone. Comme vous le savez, ce gaz arrête les rayons ultraviolets du Soleil, et le contact avec les photons produit de la chaleur. Dans la stratosphère, c'est donc bien le Soleil qui réchauffe l'air directement, sans avoir à passer par le sol ! Quant à ceux qui recherchent la vraie fraîcheur, ils peuvent toujours monter dans la mésosphère, au-delà de 50 km d'altitude, où la température dégringole à nouveau jusqu'à – 80 °C !

Le savez-vous ?

C'est le principe de détente adiabatique de l'air qui est à l'œuvre dans les climatiseurs. La détente brutale d'un gaz crée le froid si précieux à notre confort !

19.

Pourquoi parle-t-on de normales climatiques ?

Effectivement, qu'est-ce qui nous permet d'affirmer qu'une température est plus normale qu'une autre, tel ou tel mois de l'année ? Comment définit-on une normale climatique et une normale saisonnière ? Et que dire des anomalies qui se répètent si souvent qu'elles nous sont devenues familières, comme les chaleurs précoces à la fin de l'hiver, ou les coups de froid durant l'été ?

Sachez d'abord que ces normales n'existent que depuis que la météorologie – science relativement jeune, je le rappelle encore une fois – dispose d'instruments de mesure suffisamment fiables. Or, les premiers relevés de température datent de 1870 en France, il y a à peine cent cinquante ans ! Pour faire la carte des normales climatiques, on a donc établi des statistiques : on relève toutes les données connues à un même endroit sur une période de trente ans. Une fois ces données collectées sur tout le territoire, on les compare les unes aux autres et on établit une référence. C'est la fameuse normale climatique, qui se subdivise en normales saisonnières. À Paris, par exemple, la normale des précipitations a été évaluée à 637 millimètres de pluie et neige pour une année, mais on connaît également la quantité de précipitations tombées sur la capitale française par mois et par saison.

Le savez-vous ?

Jusqu'au 29 mai 2012, la période de référence pour le calcul des normales était de 1971 à l'an 2000 ! Désormais, on prend en compte les années 1981 à 2010... avec toujours un léger retard, donc. Les données fournies par l'observatoire de Montsouris ont permis d'établir qu'entre ces deux périodes, à Paris, la température s'était élevée de 0,4 °C, et que les précipitations avaient diminué de 12,3 mm. Enfin, sachez que toutes ces données intéressent au plus haut point les entreprises – notamment pour les travaux publics – qui établissent ainsi leurs « risques climatiques » de façon beaucoup plus fiable.

Mais, me direz-vous, pourquoi établir ces normales ? Après tout, elles pourraient être tout à fait anormales au regard du temps qu'il a fait pendant un siècle, voire un millénaire ! Mais l'intérêt est qu'elles servent de références à ce que nous appelons, mes confrères et moi-même qui présentons les bulletins, les variations. Sans même d'ailleurs que les météorologues vous le fassent remarquer, vous avez tous fait le constat de températures qui vous ont paru inhabituelles certains jours de l'année. Un après-midi à 27 °C en plein mois de février par exemple, ou au contraire un jour de juillet où le mercure ne dépasse pas 15 °C... Mais dans notre pays, ce phénomène est tout à fait normal, car nous sommes situés dans une zone dite tempérée, à la confluence des masses d'air chaud venues tout droit du Sahara, et des froids polaires en provenance de la Russie. Nous sommes donc situés sur le trajet des jet-streams, ces vents de haute altitude qui marquent la frontière entre une zone froide et une zone chaude à l'échelle du globe terrestre. Ces vents particuliers se déplacent sans cesse et entraînent avec eux les dépressions comme les anticyclones, qui défilent continuellement sur notre beau pays. C'est pour cela qu'en France, les moments de chaleur alternent très fréquemment avec de brèves périodes de frimas, de sorte qu'il est bien rare que les températures correspondent exactement à la fameuse « normale climatique ». Autant dire que le fait de n'être pas tout à fait dans la normale n'est pas du tout… anormal !

Enfin, si la météorologie s'intéresse à l'établissement de ces normales, elle étudie tout autant ce que nous appelons les « valeurs extrêmes », c'est-à-dire les années où l'écart avec la norme est vraiment exceptionnel. Reprenons l'exemple de la pluie à Paris : si l'on passe, d'une année sur l'autre, de 620 millimètres à 690 millimètres de précipitations, il ne s'agit que d'une variation, qui passera inaperçue des Parisiens eux-mêmes… Mais si, comme en l'an 2000, on enregistre 900 millimètres de précipitations, on se trouve alors face à une valeur extrême, qui restera dans les mémoires ! Les statisticiens de la météo s'attachent ensuite à calculer l'intervalle qui sépare le retour de ces phénomènes extrêmes (pluies exceptionnelles, canicules, tempêtes…). Pour la pluie, par exemple, on estime que la période dite « de retour » serait d'environ trente ans. À partir de ces données, il est donc possible d'évaluer quelles sont les probabilités de grandes tempêtes ou d'inondations majeures…

Ces indices de variations et de valeurs extrêmes sont très importants pour comprendre la météorologie, mais aussi pour garder la tête froide : on ne compte plus les tenants de l'apocalypse climatique qui utilisent les valeurs extrêmes comme si elles étaient la preuve d'un changement sans précédent ! Or, ce n'est pas parce qu'une année les pluies sont abondantes qu'il pleuvra dorénavant tous les ans de la même façon… De même avec les températures : lorsqu'on parle de record de chaleur ou de record de froid, il faut prendre soin de comparer ce qui est comparable, en faisant la différence entre le jour et la nuit. Mais pour faire plus dramatique, certains se plaisent à donner la température à 5 heures du matin pour le froid, et celle de 17 heures pour le chaud…

Devinette

Quelle est la différence entre une normale climatique et une moyenne climatique ? Elle est assez subtile : c'est que la moyenne se calcule sur n'importe quelle période de temps, et non sur les trente dernières années comme pour la normale. Pour continuer sur l'exemple de la pluie à Paris, Météo-France a établi que la moyenne des précipitations enregistrées sur la capitale entre 2006 et 2010 est de 620 millimètres. Mais elle précise que la moyenne en question, au cours de cette période de cinq années, a été inférieure à la normale climatique, calculée quant à elle sur cette fameuse période de trente ans, de 1981 à 2010.

20.

Pourquoi parle-t-on de dépression dans les bulletins météo ?

Même si la dépression météorologique s'accompagne d'un temps maussade qui peut influer sur notre humeur, elle n'a rien à voir avec la tendance psychologique qui nous pousse parfois à voir tout en noir ! Le terme fait référence à la pression atmosphérique, qui est en constante variation partout sur le globe. Une dépression est donc une zone de l'atmosphère qui se caractérise par une pression plus basse que celle des masses d'air qui l'entourent. Généralement, une dépression produira ce temps que nous redoutons tous : des vents forts, fréquemment assortis de beaucoup de nuages et de précipitations.

Éclaircie

Sur l'ensemble de la planète, la pression moyenne au niveau de la mer est de 1 013 hectopascals. En dessous de cette valeur, on parle de basse pression et de système dépressionnaire. Au-dessus, on parle de haute pression, avec souvent des conditions anticycloniques. Évidemment, ces différences de pression se mesurent à une altitude équivalente, car, vous le savez, la pression diminue avec l'altitude.

LA DÉPRESSION

On distingue deux types de dépression : les dépressions thermiques et les dépressions dynamiques. Les premières apparaissent suite à un réchauffement brutal de la surface terrestre à un endroit bien précis, sous l'effet du Soleil. Plus léger, l'air chaud est aussi moins dense : ainsi la pression diminue. Ce phénomène se forme le plus souvent au-dessus des zones continentales arides. L'air chaud qui en résulte a tendance à monter, mais la dépression faiblit en altitude et se heurte aux masses d'air supérieures, de sorte qu'elle ne se propage pas à d'autres zones.

Une dépression peut aussi naître de la circulation atmosphérique, ce mouvement qui anime en permanence les masses d'air : on parlera donc dans ce cas de dépression dynamique. Certaines régions de la planète, notamment dans l'Atlantique nord et le Pacifique nord, sont particulièrement fertiles en la matière. En effet, ces zones abritent les fameux « courants-jets », ou jet-streams, vents forts et continus qui circulent en haute altitude. Ces derniers vont avoir tendance à créer des mouvements ascendants à l'origine des dépressions dynamiques. Leur puissance de travail est telle que les météorologues ont identifié, dans l'Atlantique nord, un « rail des dépressions » ! L'été, cette zone où les dépressions se succèdent sans cesse relie l'Islande à la Norvège, en passant par le nord des îles Britanniques. En hiver, le rail se situe plus au sud et les vents qui l'animent sont plus forts. Il peut alors toucher une bonne partie de l'Europe, dont notre pays.

Enfin, certaines dépressions, dites thermodynamiques, conjuguent les deux phénomènes. Elles se forment généralement au-dessus des océans et ont la particularité d'être presque permanentes. L'une des plus célèbres est la dépression d'Islande, au sein de laquelle nos amis islandais passent la plupart de leur temps !

Pourquoi ces zones de basse pression engendrent-elles du vent et de la pluie ? D'abord, il faut savoir que ce phénomène n'est pas systématique : les dépressions thermiques, notamment, n'apportent généralement pas de pluie, car elles se forment au-dessus de zones arides, où l'air très sec ne peut donner naissance à des nuages. Mais, dans les autres cas, que se passe-t-il ? Eh bien, nous l'avons vu, une dépression implique que de l'air se réchauffe et qu'il monte en altitude. Or, lorsque l'air chaud chargé d'humidité atteint une certaine altitude, des nuages se forment et l'humidité se condense… c'est le début du phénomène qui amène la pluie ! J'ajoute que le mécanisme particulier d'une grande dépression mérite d'être observé un peu plus précisément… Prenons l'exemple d'une dépression « extra-tropicale », du type de celles qui traversent fréquemment notre pays !

Imaginez que vous êtes à l'équateur. L'air s'y réchauffe très vite et s'élève. Ce mouvement provoque, au niveau du sol, une zone de basse pression. En montant, l'air chaud finit par rencontrer l'air froid de haute altitude, ou bien l'air polaire charrié par les jet-streams. Repoussé, l'air froid se déplace alors en spirale jusqu'au centre de la dépression où il remplace l'air chaud. Bien sûr, plus le contraste de températures entre ces deux courants aux températures opposées est important, plus fort sera le mouvement des masses d'air, et donc plus violente sera la dépression. En outre, ce double mouvement de poussée et de remplacement des masses d'air crée des « fronts », c'est-à-dire des « lignes » où le chaud et le froid se font face. Sur ces fronts se forment des nuages, nés de la condensation de l'humidité portée par l'air chaud. Et lorsqu'ils rencontrent de l'air froid, ces nuages déclenchent de fortes pluies.

Enfin, à force de se dilater en altitude à cause de ces mouvements, la dépression rencontre les jet-streams, qui vont l'entraîner avec eux, toujours dans la même direction : vers l'est, que l'on se trouve dans l'hémisphère nord ou dans l'hémisphère sud.

Mais, me direz-vous, si une dépression s'entretient et se développe si bien elle-même, pourquoi ne dure-t-elle pas éternellement ? Parce que le front froid et le front chaud finissent par fusionner. Ensemble, ils produisent ce qu'on appelle le front occlus : l'air froid qui était à l'avant de la dépression ou de la perturbation est rattrapé par l'air froid qui était à l'arrière. L'air chaud qui était entre les deux est donc rejeté en altitude : il s'agit d'une occlusion. Quand elle se produit, la dépression a tendance à se calmer, puis à disparaître progressivement, en nous rendant le beau ciel bleu que nous aimons tant !

Le savez-vous ?

L'étendue d'une dépression peut aller de plusieurs milliers de kilomètres à... quelques mètres ! On parle alors de dépression à micro-échelle. Vous les reconnaîtrez facilement : ce sont ces petits tourbillons de vent, chargés de poussière ou soulevant quelques feuilles, que vous pouvez voir parfois dans la rue ou dans votre jardin. Les dépressions ont d'ailleurs été classées en fonction de leur étendue. Au-dessus de la micro-échelle, les dépressions d'échelle aérologique (de quelques centaines de mètres à 10 km) englobent les trombes marines, les tornades et les nuages d'orage. Au-dessus encore, les dépressions de méso-échelle (de quelques dizaines à quelques centaines de kilomètres) regroupent les dépressions polaires et tropicales. Enfin, les dépressions d'échelle synoptique, qui peuvent atteindre plusieurs milliers de kilomètres, sont les dépressions de mousson et les dépressions extra-tropicales. Ce sont elles qui traversent la France !

21.

Pourquoi les nuages flottent-ils ?

La question peut vous sembler futile, et pourtant elle a longtemps constitué une véritable énigme pour les scientifiques. Cela ne signifie pas que les hommes de sciences pensaient que les nuages risquaient de leur tomber sur la tête, comme l'auraient craint les Gaulois d'après la tradition populaire ! Mais ils se demandaient comment ces masses blanches, parfois denses et lourdes, pouvaient flotter ainsi. Ce qui les empêchait de répondre à la question, c'est qu'ils ne connaissaient ni la composition de l'air, ni celle des nuages.

En fait, si les nuages ne tombent pas, c'est tout simplement parce qu'ils sont plus légers que l'air sec qui les environne ! Nous l'avons vu ensemble, les nuages se forment à partir de la vapeur d'eau contenue dans l'atmosphère, qui va se condenser sous forme de microgouttes. Or, la vapeur est beaucoup moins dense, donc plus légère que l'air sec : dans des conditions normales, au niveau de la mer, la masse d'un mètre cube de vapeur est d'environ 590 grammes, contre 1,225 kilogramme pour un mètre cube d'air sec ! C'est pourquoi, même lorsque la vapeur d'eau condense sous forme de microgouttes, la masse volumique du nuage reste sensiblement plus faible que celle de l'air sec environnant. Le nuage, plus léger, est donc « porté » par cet air sec qui se trouve autour et en dessous de lui. De la même façon que l'huile, plus légère, flotte sur l'eau… Enfin, la pression atmosphérique renforce ce phénomène, car elle donne davantage de densité à l'air sec qui se trouve au plus près du sol, et qui soutient le nuage.

Devinette

Quel est le poids d'un nuage ? Tout comme l'air qui nous entoure, les nuages ont une masse, elle est même considérable ! Bien sûr, cette masse varie fortement en fonction de la nature du nuage, de sa taille, et des conditions atmosphériques, à commencer par la pression et la température. Mais prenons l'exemple d'un cumulus d'environ 1 km^3 de volume, qui flotterait à 2 000 mètres d'altitude… Il pèserait près de 900 000 tonnes ! Ce qui resterait, malgré tout, inférieur à un volume identique d'air sec. Quant aux terribles cumulonimbus, ces immenses nuages noirs qui annoncent les orages, ils peuvent atteindre jusqu'à 100 millions de tonnes ! Pour vous donner une idée, cela représente à peu près 20 fois la masse de la grande pyramide de Khéops !

Tout cela explique donc que les nuages ne s'écrasent pas au sol… Mais, me direz-vous, pourquoi les gouttelettes qu'ils contiennent ne tombent-elles pas ? Car, après tout, même si elles sont minuscules (moins de deux centièmes de millimètres !), ces gouttelettes restent plus denses, donc plus lourdes que l'air. Elles devraient donc, tout naturellement et selon les lois de notre bonne vieille gravité, tomber au sol.

Mais ce serait oublier combien l'atmosphère est un milieu instable ! Au cœur du nuage qu'elles composent, ces gouttelettes sont sans cesse en mouvement, elles vibrent en permanence et sont portées par des courants ascendants. Et si ces turbulences chassent les gouttelettes du nuage… eh bien elles s'évaporent, tout simplement ! Mais, progressivement, au contact les unes des autres, les microgouttelettes vont s'agréger et devenir plus grosses. Et à partir d'un certain seuil, elles deviennent trop lourdes pour rester en suspension dans le nuage… c'est la pluie ! Le nuage ne nous est donc pas tombé sur la tête, mais il le fait très partiellement, sous forme de gouttes de pluie !

Le savez-vous ?

La quantité d'eau liquide présente dans un nuage, sous forme de gouttes, n'est pas si importante qu'il y paraît ! Dans un cumulus, ce nuage blanc bien dodu, elle varie entre 0,25 et 0,30 gramme par mètre cube, ce qui est bien peu par rapport à la masse de l'air contenue dans le même volume (plus d'un kilogramme !). Mais si le nuage d'un kilomètre de côté, cela représente tout de même 300 tonnes d'eau liquide au-dessus de vos têtes ! Quant aux cumulonimbus, ces impressionnants nuages d'orages, ils peuvent contenir jusqu'à 3 grammes d'eau liquide par mètre cube. Et comme ils sont souvent gigantesques, certains d'entre eux peuvent accueillir jusqu'à 50 000 tonnes d'eau, l'équivalent de 20 piscines olympiques !

22.

Pourquoi la fonte de la banquise lutterait-elle contre le réchauffement climatique ?

C'est peut-être une bonne nouvelle : les énormes icebergs qui se détachent des glaciers de l'Antarctique, dans l'hémisphère sud, contribueraient à lutter contre le réchauffement climatique. Non, ce n'est pas une plaisanterie ! Cette réjouissante constatation est le résultat d'une étude très sérieuse, menée par le département de géologie de l'université anglaise de Sheffield, sous la direction du Pr Bigg, et publiée dans la revue britannique *Nature Geoscience*.

Vous n'avez peut-être pas suivi les actualités qui concernent le pôle Sud. Et pour cause, on en parle beaucoup moins que du pôle Nord, où la fonte des glaces est beaucoup plus importante et a davantage de conséquences sur le climat. Il faut dire qu'en Antarctique, on n'avait pas enregistré de fonte substantielle des glaces sur le long terme, du moins jusqu'à ces dernières années. Car depuis toujours, les glaces maritimes qui se forment durant l'hiver fondent presque complètement durant l'été, et se recomposent l'hiver suivant, sans diminution notable jusqu'ici.

Mais il semblerait aujourd'hui que la fonte des glaces de l'Antarctique ait commencé, avec des pertes plus importantes en été. Des icebergs se détachent de la banquise et partent dériver dans les mers australes. Certains sont de véritables monstres ! L'un d'eux, qui menace de se détacher de la faille de Larsen à l'heure où j'écris, n'atteint pas moins de 5 000 km^2, soit cinquante fois la surface de Paris ! Cette fragmentation est sans doute liée au réchauffement du courant marin qui fait le tour du pôle Sud. Mais le plus étonnant est que cette fonte de glaces pourrait avoir une influence bénéfique sur le climat, en réduisant les gaz à effet de serre !

Devinette

Quel âge avait l'iceberg qui a coulé le Titanic ? D'après le professeur britannique Grant Bigg, de l'université de Sheffield, il était âgé de plus de 100 000 ans, et aurait été un fragment d'un des glaciers du Groenland, formés par la neige tombée il y a plus de mille siècles ! Sachez aussi que c'est le naufrage du Titanic, en 1912, qui a incité les scientifiques à étudier les courants océaniques, pour mieux protéger les navires entre l'Europe et l'Amérique du Nord. Le naufrage a donc, d'une certaine façon, contribué à la découverte de ce courant circumpolaire, dont le réchauffement serait responsable de la fragmentation des glaciers dans l'Antarctique...

C'est ce qu'ont prouvé ces Britanniques, en suivant de près la dérive et la fonte d'un iceberg géant (18 km de long !) au cœur de l'océan. Cette île flottante s'était détachée de l'Antarctique en 2003. Depuis, le Pr Bigg et ses chercheurs inspectaient les images satellites pour observer son évolution. Mais les scientifiques ont vite été intrigués par la couleur verte de l'eau dans son sillage... Ils ont donc focalisé leurs recherches sur ce que signifiait cette longue traînée verte que l'iceberg laissait derrière lui, sur des centaines de kilomètres.

Pourquoi, me direz-vous, s'attacher à cette couleur verte ? Eh bien tout simplement parce qu'elle révèle une forte concentration de phytoplancton, ces micro-organismes végétaux qui vivent en suspension dans l'eau, et qui captent l'énergie solaire grâce à la photosynthèse. Les chercheurs ont ainsi découvert que les phytoplanctons se développaient très activement dans le sillage de l'énorme bloc de glace, parce qu'ils profitaient du fer et des autres nutriments qui se trouvent en très grandes quantités dans les eaux de fonte des icebergs !

Et c'est ainsi que les icebergs géants contribueraient à réguler la hausse des températures ! Car malgré leur taille minuscule, les phytoplanctons jouent un rôle déterminant pour l'environnement : ils absorbent le dioxyde de carbone (CO_2) de l'air. Or ce CO_2 est un gaz à effet de serre, dont la forte augmentation est responsable du réchauffement climatique. Et lorsque vous saurez que les phytoplanctons constituent à eux seuls environ 50 % de la matière organique sur Terre, vous comprendrez quel impact ils peuvent avoir sur la concentration en CO_2 dans l'atmosphère !

En fertilisant les eaux de l'océan, les énormes icebergs de l'Antarctique semblent bien favoriser la prolifération de ce plancton ! À ce sujet, le Pr Grant Bigg est formel : ses analyses ont révélé la présence de niveaux sensiblement plus importants de chlorophylle dans un rayon d'au moins quatre à dix fois la longueur de l'iceberg. Davantage de phytoplancton, donc davantage de CO_2 consommé : on estime que le phytoplancton massé autour des icebergs pourrait absorber près de 20 % du gaz carbonique de l'océan Antarctique ! Ainsi, les icebergs géants pourraient intervenir de façon majeure dans la circulation du carbone.

Laissons la conclusion au Pr Bigg : « Si la séparation d'icebergs géants augmente au cours de ce siècle, comme prévu, alors ce rétrocontrôle négatif sur le cycle du carbone pourrait devenir plus important que nous ne l'estimions jusqu'ici. »

Éclaircie

Le pôle Nord se réchauffe plus vite que le pôle Sud. C'est un fait incontestable : l'Arctique se réchauffe deux, voire trois fois plus rapidement que le reste de la surface terrestre. Des mesures prises dans le nord de l'Alaska, du Canada et de la Sibérie montrent que les températures hivernales ont augmenté de 3 à 4 °C au cours des cinquante dernières années. Ce phénomène est essentiellement dû à l'albédo, cet indice de réflexion de la lumière et de l'énergie solaire. La calotte glaciaire du pôle Nord reflète ainsi 80 % de l'énergie solaire qu'elle reçoit, alors que l'océan dépourvu de glace n'en reflète que 20 %, et en absorbe 80 % ! La chaleur augmente d'autant. De même sur les continents : lorsque la couche de glace fond, elle découvre une terre très sombre, qui absorbe donc plus d'énergie et accélère la fonte de la glace autour d'elle ! Plus globalement enfin, si l'hémisphère nord se réchauffe davantage, c'est en raison de la forte présence de terres continentales, qui réagissent plus vite à une hausse des températures, en comparaison des océans caractérisés par leur grande inertie thermique… et qui sont majoritaires dans l'hémisphère sud !

23.

Pourquoi les aurores boréales et australes ne se forment-elles que près des pôles ?

De majestueux voiles aux couleurs variées, à dominante verte ou pourpre, qui semblent onduler au vent dans le ciel obscur de la nuit polaire… Ces splendides phénomènes lumineux, les aurores polaires, ont donné naissance à de nombreuses légendes et attirent aujourd'hui les photographes du monde entier. Pour les admirer, il faudra vous rendre un peu au-delà des cercles polaires. Dans l'hémisphère nord, où l'on parle d'aurores boréales, elles sont visibles depuis l'Alaska, le Canada, le Groenland, l'Islande, le nord de la Norvège et celui de la Russie. Dans l'hémisphère sud, pour profiter des aurores australes, l'idéal serait de vous trouver sur le continent antarctique, mais ce n'est pas donné à tout le monde ! À défaut, on peut en apercevoir depuis l'extrême sud de l'Australie, de la Nouvelle-Zélande et du Chili. Mais dans tous les cas, le spectacle vaut le déplacement !

Chez les scientifiques, l'émerveillement est partagé depuis toujours… Quand il s'agissait d'apporter une explication sérieuse à ce phénomène, la fascination a longtemps laissé place à l'embarras ! Rendez-vous compte : il a fallu attendre 2008 pour que la question soit enfin éclaircie, grâce aux observations des cinq petits satellites de la mission THEMIS, programmée par la NASA. On a pu établir alors que

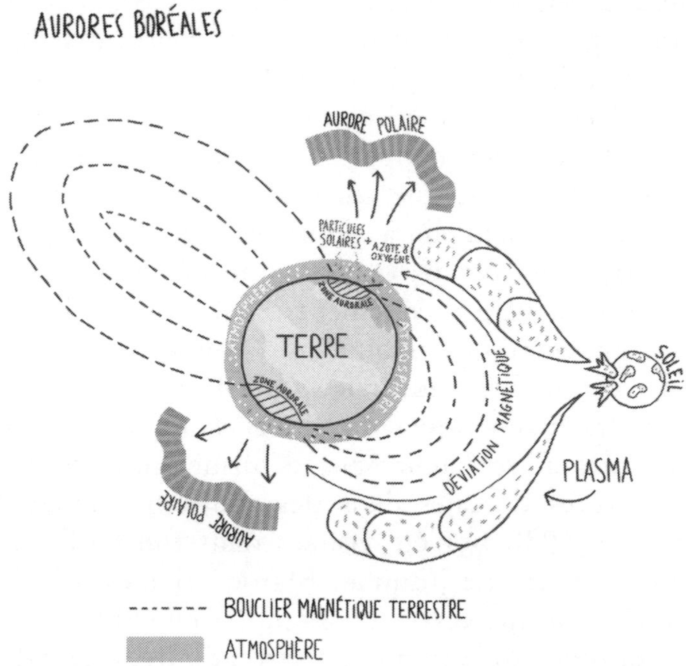

l'apparition des aurores polaires était corrélée au bombardement de particules du Soleil sur notre planète.

En effet, notre étoile projette continuellement de la matière dans tout le système solaire. Constitué de particules chargées d'électricité, ce vent solaire souffle à la vitesse folle de 400 km par seconde et balaye tout sur son passage. Fort heureusement, le champ magnétique de la Terre nous protège de ce torrent continu. Grâce à ce bouclier naturel, les particules sont déviées de leur course et restent généralement à 60 000 km de la Terre, une distance rassurante.

Le Soleil a ses humeurs et ses vents peuvent se muer en tempêtes ! Dès lors, la « magnétosphère » terrestre, bouclier magnétique qui protège notre planète, est mise à rude épreuve. Sa face exposée au Soleil est brutalement comprimée par l'impact et son altitude baisse drastiquement. Quant à la face opposée du bouclier, elle subit l'effet inverse, et se trouve étirée sur des millions de kilomètres ! C'est durant ces tempêtes que surviennent les aurores polaires. En effet, une partie des particules projetées par le Soleil parviennent à s'infiltrer sous la magnétosphère terrestre. Or, ces particules vont pénétrer l'atmosphère de notre planète précisément à l'endroit où les lignes de force magnétiques rejoignent l'atmosphère. C'est-à-dire dans la zone dite « aurorale », qui décrit un anneau autour des pôles magnétiques du globe. Toutefois, il arrive que l'arc auroral soit tellement déformé qu'il donne à voir des aurores boréales dans des zones très inhabituelles : celles de 1938 ont été visibles dans toute l'Europe occidentale, et même jusqu'au Maroc ! Il n'est d'ailleurs pas si rare d'en apercevoir en France : en 2004 et en 2015, des aurores boréales ont pu être admirées dans la moitié nord de notre pays.

Le savez-vous ?

Les pôles magnétiques de la Terre indiqués par votre boussole ne correspondent pas tout à fait aux pôles géographiques de la Terre. Ainsi, le Nord magnétique se trouve à environ 450 km du pôle Nord géographique. À l'opposé, la distinction est plus importante encore, car le Sud magnétique se trouve à 3 000 km du pôle Sud ! En outre, ces pôles se déplacent d'une quarantaine de kilomètres chaque année. C'est pourquoi, tous ceux qui pratiquent l'aviation ou la navigation le savent, il faut en permanence modifier la correction du compas, cet instrument qui indique la direction à la manière d'une boussole.

Alors que se passe-t-il lorsque les particules solaires pénètrent notre atmosphère ? Eh bien, imaginez une goutte d'encre qu'on laisserait tomber dans un verre d'eau : visuellement, c'est assez proche de ce qui se produit alors. Quand elles atteignent les couches supérieures de l'atmosphère, les particules entrent en collision avec les atomes d'azote et d'oxygène. Excités par cet apport d'énergie, ces derniers vont la restituer sous forme de lumière. On obtient une aurore polaire !

Quant aux couleurs si variées des aurores polaires, elles sont liées à la fois à l'altitude et au type d'atomes excités par les particules. Les atomes d'azote produisent ainsi des tons rouges ou pourpres, tandis que les atomes d'oxygène restituent plutôt des tonalités vertes. Comme la concentration de ces atomes dans l'air varie en fonction de l'altitude, il est fréquent que la partie haute d'une aurore tende vers le pourpre, tandis que la partie inférieure conserve sa teinte verte, signe d'un air plus riche en oxygène. Et puisque ces

Le savez-vous ?

Les aurores polaires ont la particularité de réfléchir les ondes radio, et donc de perturber les émissions ! D'ailleurs, les tempêtes solaires ont un sérieux impact sur notre monde devenu si dépendant de l'électronique et des télécommunications : elles peuvent endommager des satellites, ou bien entraîner des chutes de tension dans le réseau électrique à l'échelle d'une région, voire de tout un pays ! Comme elles restent imprévisibles, nos télescopes scrutent en permanence la surface du Soleil, pour identifier les plus grosses éruptions, ce qui nous laisse quelques jours pour réagir avant d'être touchés par le flux des particules... c'est le temps que mettent les vents solaires à couvrir les 149 millions de kilomètres qui nous séparent du Soleil !

aurores se déploient à des altitudes comprises entre 80 et 1 000 km, elles peuvent prendre diverses formes, en fonction du lieu d'observation : d'immenses draperies semblables à des rideaux, de simples nuages, ou bien des arcs ondulants. Mais, dans tous les cas, le spectacle est garanti !

24.

Pourquoi fait-on la différence entre météorologie et climatologie ?

C'est parce que ces deux sciences n'ont pas tout à fait le même but. Pour simplifier, on peut dire que les météorologues enregistrent le temps qu'il fait et tentent de déterminer le temps qu'il fera dans les jours suivants, alors que les climatologues étudient les variations de la météo sur le long terme, dans le passé comme dans l'avenir. Ce n'est donc pas tout à fait la même démarche, ni les mêmes outils.

Nous, les météorologues, nous nous occupons des phénomènes qui concernent l'atmosphère. Pour cela, nous enregistrons toutes les variations de la température, de la pression de l'air, de son taux d'humidité, de la force et de la direction des vents, et nous observons les manifestations liées à ces différentes conditions, comme la formation des nuages, l'apparition de pluies, de neige ou d'orages. À partir de là, nous étudions ces données pour prévoir les interactions entre toutes ces conditions et les effets qu'elles vont produire. En déterminant les mouvements de l'atmosphère, nous établissons nos prévisions sur le temps qu'il fera à court terme, de la façon la plus précise possible.

Mais la météorologie est une science toute neuve ! Et nous devons avoir l'humilité de reconnaître que nous ne connaissons pas encore toutes les lois qui régissent l'atmosphère.

En outre, les calculs qu'imposent les variations d'un facteur particulier sur les autres conditions atmosphériques sont parmi les plus compliqués qu'on puisse faire aujourd'hui. Ils nécessitent des tonnes d'équations et les ordinateurs les plus performants. C'est une science qui oblige tous les pays et tous les scientifiques à travailler en commun. Car, pour élaborer les bulletins météo dont vous êtes si friands, il nous faut avoir accès à des observations relevées en temps réel, et dans une grande partie du monde ! Impossible de dire quel temps il fera en Bretagne deux jours plus tard si nous ne savons pas où en est notre vieil ami l'anticyclone des Açores, ou si nous ignorons qu'une tempête est en train de ravager l'Irlande…

Heureusement, chaque pays a créé son organisme pour centraliser les relevés de toutes les stations de son territoire, ainsi que les données enregistrées par les satellites météo, qui scrutent en permanence notre atmosphère. En France, c'est l'Observatoire de Paris, dont vous connaissez sans doute le joli bâtiment, non loin du jardin du Luxembourg, qui a tenu ce rôle pendant longtemps. Aujourd'hui, c'est le Bureau central météorologique, c'est-à-dire Météo-France, qui a la responsabilité de l'ensemble de ce réseau d'observation, ainsi que des centres de calcul. Durant des décennies, les petites stations installées dans tout notre pays ont enregistré trois fois par jour, à heures fixes (à 6 heures, midi, et 21 heures) la pression barométrique, la température, le taux d'humidité de l'air, la direction et la force des vents ainsi que l'état du ciel. Aujourd'hui, grâce aux stations automatiques, ces données sont enregistrées beaucoup plus fréquemment, et l'on peut connaître l'évolution de ces paramètres quasiment en temps réel.

La climatologie s'attache, quant à elle, à étudier le climat de la Terre sur le long terme. Elle analyse l'évolution des conditions météorologiques dans le temps, ainsi que ses effets sur la biodiversité, la géographie naturelle, les peuplements humains, à l'échelle d'un pays ou de toute la planète. Surtout, elle s'intéresse autant à prédire le climat à venir qu'à observer ses évolutions dans le passé, sur des milliers, voire des millions d'années : c'est l'étude du paléoclimat !

Naturellement, pour étudier les périodes récentes, la climatologie utilise les données enregistrées par la météorologie. Mais pour analyser le paléoclimat, elle s'appuie sur d'autres outils, comme, par exemple, l'extraction de carottes de glace dans le permafrost des terres arctiques et antarctiques. La climatologie repose aussi sur d'autres disciplines scientifiques comme la géologie, la vulcanologie ou l'océanographie, pour observer l'influence des phénomènes atmosphériques sur la Terre, ou à l'inverse, le rôle des activités terriennes sur le climat : on sait en effet que le volcanisme, l'évolution de la végétation, et bien sûr l'activité humaine peuvent avoir un impact déterminant sur l'atmosphère. Enfin, la climatologie peut s'avérer très utile à la météorologie, par exemple dans l'étude d'un phénomène climatique comme El Niño, qui impacte directement la météo sur la côte ouest du Pacifique sud. Les deux disciplines sont donc très complémentaires.

Autre particularité, la climatologie s'attache à faire des prévisions saisonnières, et même des estimations sur plusieurs décennies et plusieurs siècles ! Comment est-ce possible, me direz-vous, puisque la météorologie nous affirme qu'au-delà de sept jours, aucune prévision n'est fiable ? C'est que les prévisions saisonnières climatiques ne donnent pas d'indications précises, n'indiquent pas, par exemple, des températures exactes, ni la probabilité de précipitations ou de coups de vent. La climatologie prédit une moyenne pour la saison, et signale la possibilité d'anomalies à l'échelle planétaire, en précisant quels pays en pâtiront ou en bénéficieront. Toujours dans le cas d'El Niño, les études climatologiques permettront d'annoncer des déluges inhabituels au Pérou, ou des sécheresses en Australie, ainsi que les risques d'inondations ou d'incendies qui en sont la conséquence… Et, au contraire de celles de la météorologie, ces prévisions saisonnières ne se basent pas sur des variations épisodiques de l'atmosphère ; elles sont établies à partir de modèles qui prennent en compte des facteurs influents sur le climat global, comme l'anomalie des températures à la surface de certaines zones océaniques.

Il arrive que les climatologues ne soient pas d'accord sur leurs prévisions, que ce soit entre eux ou avec certains météorologues. D'ailleurs, un certain nombre de scientifiques réfutent les conclusions de cette science. Ils ne nient pas forcément les transformations de notre climat, mais plutôt les conclusions que les climatologues en tirent, notamment sur la responsabilité humaine. Ce sont les climatosceptiques.

25.

Pourquoi la météo a-t-elle révélé toute la vérité sur le naufrage du *Titanic* ?

Vous connaissez tous, notamment grâce au film de James Cameron, l'histoire tragique du *Titanic*. Ce paquebot géant, le plus grand du monde à l'époque, était réputé insubmersible. Pourtant il sombra lors de son voyage inaugural, après avoir heurté un iceberg dans la nuit du 14 au 15 avril 1912, entraînant la perte de 1 517 de ses passagers et membres d'équipage, morts noyés ou gelés dans une eau à 2 °C !

Comme c'est souvent le cas, la catastrophe résulta d'une incroyable accumulation d'erreurs, autant dans la conception du navire que dans le comportement de son équipage. La coque même du paquebot était composée de plaques d'acier à haute teneur en soufre, ce qui les rendait cassantes à basse température, et de rivets de mauvaise qualité qui ne pouvaient que rompre sous une forte pression… En outre, la manœuvre effectuée par l'officier de quart pour éviter l'iceberg s'est avérée inadaptée, car elle a engendré des dégâts bien plus importants que ne l'aurait fait une collision frontale. Enfin et surtout, à l'heure du drame, le navire était poussé à une vitesse excessive dans une zone qu'on savait dangereuse en raison du risque de rencontrer des icebergs !

Mais si toutes ces défaillances sont connues depuis longtemps, on s'expliquait mal, jusqu'ici, la cause première de l'accident : pourquoi, malgré la vigilance des marins qui étaient de quart à la vigie cette nuit-là, l'iceberg n'a-t-il été aperçu qu'au tout dernier moment, alors que la collision était déjà inévitable ? Eh bien, les avancées de la science météorologique ont permis de percer ce mystère !

En fait, tout tient dans le fait que le naufrage du *Titanic* a eu lieu exactement au point de jonction entre le courant glacial du Labrador, celui-là même qui charrie les icebergs, et le courant chaud du Gulf Stream, qui remonte vers le Groenland. Ajoutez à cela que le drame s'est produit durant une nuit sans lune. Ces trois éléments réunis sont à l'origine d'un phénomène d'optique atmosphérique exceptionnel : un « mirage supérieur » comparable, par l'illusion qu'il crée, aux célèbres mirages du désert ! Laissez-moi vous expliquer ce phénomène plus en détail.

Le savez-vous ?

Ce type de « mirage supérieur » est bien connu des habitants du Grand Nord, qui l'ont même surnommé « Fata Morgana », c'est-à-dire « Fée Morgane », ce qui évoque bien l'apparence surnaturelle du phénomène ! Ce mirage apparaît soit au-dessus de la mer, soit au-dessus d'une surface enneigée. Il crée une image floue, aux contours lumineux, qui semble flotter bien plus haut que la ligne d'horizon.

Lorsque les eaux froides du Labrador et les eaux chaudes du Gulf Stream se rencontrent, il se produit souvent une inversion thermique des masses d'air qui les surplombent. Vous savez qu'en règle générale, plus on progresse en altitude, plus l'air devient froid. En cas d'inversion thermique, au contraire, il fait plus doux en altitude qu'en surface. C'est ce qui se produit lorsque l'air refroidi par le courant du Labrador stagne sous l'air plus chaud produit par le Gulf Stream. Le plus souvent, l'inversion de température est propice à la formation de brumes et de brouillards. Mais, au point de rencontre entre les deux courants océaniques, la masse d'air chaud comprime la masse d'air froid. Elle crée donc une zone de haute pression, qui rend l'air totalement limpide et empêche toute formation de brume. Basé sur les témoignages des survivants, le film de James Cameron a d'ailleurs restitué très fidèlement ces conditions : une nuit très pure et une mer étonnamment calme, sans un souffle de vent. Autant de conséquences d'une haute pression atmosphérique.

Dans ce cas, malheureusement, si elle ne produit pas de brouillard, une inversion thermique peut provoquer des illusions d'optique ! L'air étant plus dense, la réfraction de la lumière à travers ses particules se fait bien plus intense, créant ce que l'on nomme un mirage supérieur. La perception de la distance à laquelle les objets se trouvent est alors faussée ! Par exemple, la position de l'horizon telle que notre œil la perçoit n'est plus la bonne, il nous paraît beaucoup plus proche qu'il ne l'est réellement. À l'inverse, des objets peuvent nous sembler très éloignés alors qu'ils sont au contraire tout près !

C'est très certainement ce qui explique que les marins du *Titanic*, qui surveillaient l'océan et scrutaient la présence d'icebergs, n'ont pu voir qu'au dernier moment celui qu'ils allaient percuter. Quand ils l'ont signalé, l'énorme masse de glace n'était plus qu'à 1 500 mètres du paquebot ! Pour un immense navire comme le *Titanic*, très difficile à manœuvrer, il était déjà trop tard pour éviter le choc.

Éclaircie

Le phénomène du mirage supérieur explique aussi pourquoi le SS *Californian*, le navire qui passait à peu de distance du *Titanic* lors du naufrage, n'a pas répondu aux fusées de détresse lancées par ce dernier. En fait, l'équipage du *Californian* a été lui-même victime de l'illusion d'optique induite par l'inversion des températures. Les marins du cargo ont cru voir des fusées blanches, tirées depuis un navire qui leur semblait assez proche... ils n'ont donc pas compris que ce navire était en danger. En réalité, les fusées étaient rouges, couleur du danger, et le *Titanic* se trouvait à plus de 20 miles de distance ! Sur le *Titanic* aussi, les passagers ont aperçu le *Californian*, qui leur paraissait beaucoup plus proche qu'il ne l'était réellement. Cette proximité illusoire a dû rendre d'autant plus cruel le fait de le voir s'éloigner sans porter secours aux naufragés...

26.

Pourquoi y a-t-il des cyclones ?

Imaginez-vous sous les tropiques, flottant paisiblement dans une mer bleu azur, chauffée à plus de 26 °C… Un tableau idyllique, n'est-ce pas ? Et pourtant, ce sont typiquement les conditions dans lesquelles se forment les cyclones !

En effet, la température de l'océan doit être très élevée. D'après les dernières recherches en la matière, on pense que l'eau doit atteindre au moins 26 °C sur plusieurs dizaines de mètres de profondeur ! Autant dire que ces conditions ne peuvent être atteintes qu'à proximité de l'équateur, dans la zone tropicale. C'est pourquoi on ne verra jamais de cyclone se former au-delà des tropiques, où l'eau n'est plus assez chaude. Un autre élément nécessaire se trouve dans la présence de vents ascendants et constants, qui vont monter en altitude sans rupture brutale.

Ensuite, que se passe-t-il ? Eh bien, il faut savoir que la zone équatoriale est soumise à une forte activité orageuse, qu'on appelle front intertropical. Des amas orageux vont donc se former et s'organiser, tout en conservant au milieu d'eux une zone où la température est encore plus élevée. À cet endroit, la pression diminue, ce qui va attiser les vents autour de cette microdépression. Les orages commencent donc à tourner autour de ce centre dépressionnaire. Ils se renforcent, les cumulonimbus étant alimentés en vapeur d'eau par la mer très chaude… On assiste donc à la naissance progressive d'un cyclone, un énorme amas nuageux et orageux, qui tourne en spirale autour de son œil et qui peut atteindre plusieurs centaines de kilomètres de diamètre ! Et plus le système dépressionnaire se creuse, plus la pression diminue dans son œil… les contrastes sont donc plus forts, et les vents tournants deviennent de plus en plus violents ! Au plus proche de l'œil, ces vents atteignent généralement 200 à 300 km/h, avec des effets dévastateurs ! Inutile de vous dire qu'à leur contact, la mer est absolument déchaînée, c'est pourquoi tous les bateaux évitent les zones cycloniques. Enfin, la dépression au centre du cyclone peut produire également une élévation du niveau de la mer : des vagues monstrueuses peuvent alors déferler sur les côtes.

Mais si les vents qui l'animent sont extrêmement forts, le cyclone lui-même ne se déplace qu'assez lentement sur la surface du globe : de 10 à 30 km/h environ. Heureusement, car cela donne le temps de le surveiller et d'alerter les populations ! Quant à la trajectoire des cyclones, elle est déterminée par la force de Coriolis (cf. « Pourquoi le vent souffle-t-il ? ») ! C'est pourquoi, dans l'hémisphère nord, les cyclones tournent dans le sens inverse des aiguilles d'une montre, et dérivent progressivement vers l'ouest et le nord. Dans l'hémisphère sud, c'est l'inverse, ils voguent vers l'est puis vers le sud !

Petit à petit, à force de s'éloigner de l'équateur, le cyclone perd cette alimentation en eaux très chaudes, et son intensité va diminuer progressivement. Mais avant cela, il peut dévaster des terres habitées, par exemple dans les îles de l'arc Antillais, ou dans le Pacifique autour de Tahiti ou de la

Nouvelle-Calédonie… Sous ces latitudes, les cyclones sont encore en pleine puissance et causent souvent des dégâts majeurs. Ensuite, ils peuvent progresser jusqu'à toucher des terres continentales, comme aux États-Unis, où la Floride et la Louisiane sont souvent touchées par leurs ravages. Mais très vite, sans alimentation en eau de mer, les vents faiblissent et les pluies se font moins violentes.

Lorsqu'ils restent au-dessus de l'océan, les cyclones vont perdre en intensité beaucoup plus progressivement, à force de rencontrer des eaux de plus en plus froides. Parfois, dans l'Atlantique nord, un cyclone en fin de vie peut être pris dans la circulation des perturbations et être ainsi amené jusque sur l'Europe de l'Ouest. Il aura alors perdu beaucoup de son intensité, mais pourra tout de même apporter des pluies très importantes, qui peuvent être accompagnées de vents assez violents. Mais rien à voir, assurément, avec les cyclones qui frappent les côtes des États-Unis !

Enfin, il ne faut surtout pas confondre un cyclone avec une tornade. Cela arrive souvent. Le cyclone prend naissance sur la mer et peut atteindre jusqu'à 1 000 km de diamètre. Les tornades, quant à elles, ne se produisent que sur terre et ne font que quelques centaines de mètres de diamètre…

Devinette

Pourquoi un cyclone ne franchira-t-il jamais l'équateur ? Simplement parce que, pour prendre de l'ampleur et se déplacer, les cyclones ont besoin de la force de Coriolis. Or, cette force n'existe pas sur cette ligne ! Pour assister à la naissance d'un cyclone, il faut donc s'éloigner un peu de celle-ci. Et une fois le mouvement lancé, pas de retour en arrière possible ! Le cyclone dérivera toujours en s'éloignant de l'équateur.

L'échelle est donc différente, mais une tornade peut se montrer encore plus violente qu'un cyclone : on a parfois enregistré, à leur passage, des rafales dépassant les 500 km/h ! Hormis les plus solides murs de pierre ou de béton, rien ne leur résiste...

27.

Pourquoi avions et navires disparaissent-ils dans le Triangle des Bermudes ?

Qui n'a jamais entendu parler du mystérieux triangle des Bermudes ? Cette zone maritime située entre Miami, Porto Rico et les îles des Bermudes ou les Bermudes, où de nombreux navires et avions se sont volatilisés comme par magie ! Parmi les disparitions les plus célèbres figure celle du « vol 19 », en 1945 : après 55 minutes de vol, et dans des conditions météorologiques parfaites, cinq bombardiers américains disparaissent des écrans radars et se volatilisent, sans aucune raison apparente !

Dès lors, on a commencé à enquêter sur cet événement. Et, surprise, les recherches en archives ont montré que plus d'une dizaine de disparitions inexpliquées s'étaient déjà produites dans ce secteur ! Elles concernaient toutes des navires, dont le fameux *Atalanta* en 1880, le navire-école britannique évaporé avec ses deux cent quatre-vingt-dix élèves officiers ! Et comme dans le cas du vol 19, les conditions météo étaient bonnes et les navires disparus n'avaient envoyé aucun signal de détresse. Bien au contraire : en 1938, le vapeur *Anglo-Australian* avait signalé « Temps idéal, tout va bien », juste avant de pénétrer le « triangle du diable », cette zone d'environ 4 millions de kilomètres carrés au large de la Floride.

Ce fut ensuite le tour des avions avec les premiers vols commerciaux... En 1948, on ne retrouva jamais le *Douglas DC-3* parti de Porto Rico, alors qu'il venait d'annoncer à la tour de contrôle de Miami : « Nous approchons de l'aéroport. Nous ne sommes plus qu'à 80 km au sud. Nous apercevons les lumières de Miami. Attendons les instructions pour l'atterrissage. » L'une des dernières disparitions remonte à 2015 : le cargo *El Faro* disparaît avec trente-trois marins à bord... Mais on pourrait multiplier les exemples : en 1974, un journaliste du *Los Angeles Times*, Howard Rosenberg, publia son enquête sur le sujet ; il recensait déjà plus de cent quatre-vingt-dix navires et quatre-vingts avions disparus dans cette zone !

Pour expliquer cette multiplication de phénomènes inexpliqués, les hypothèses les plus folles ont commencé à circuler : zone magnétique anormale qui déréglerait les instruments de bord et les boussoles, distorsions spatio-temporelles dues à la présence de l'Atlantide, intervention des extra-terrestres... !

Devinette

Qui a baptisé le triangle des Bermudes ? C'est le journaliste et écrivain Vincent Gaddis, en 1963. Passionné d'énigmes et de mystères, il fit la Une du magazine populaire *Argosy* en décrivant les disparitions dénombrées dans ce qu'il a appelé « le mortel triangle des Bermudes » ! Le mythe était né et le nom a perduré.

Les scientifiques eux-mêmes se sont penchés sur ces mystères, et ont fini par trouver l'explication de ces disparitions, naufrages et crashs aériens. Ils seraient dus, tout simplement, aux terribles conditions météorologiques qui sévissent dans cette zone. Les météorologues le confirment : le triangle des Bermudes est sans doute l'endroit le plus instable de la planète ! Le temps de compter jusqu'à trois, et la belle mer turquoise et ensoleillée se transforme en une tempête cauchemardesque ! D'ailleurs, les marins le savent bien : le coin est réputé pour ses phénomènes imprévisibles, violents et extrêmement dangereux, tout à fait capables d'abattre des avions en vol et de faire sombrer des navires.

D'abord, la zone est propice aux fameux grains blancs, sortes de microtempêtes imprévisibles, spontanées et bien souvent invisibles jusqu'à ce qu'on se retrouve pris dans leurs vents furieux (cf. « Pourquoi certaines tempêtes s'appellent-elles des grains blancs ? »). Il existe aussi des « rafales descendantes », un effondrement soudain des couches supérieures de l'atmosphère. Ce phénomène terrifiant survient lorsque le cœur de pluie formé par l'air chaud et humide qui monte rapidement en altitude devient trop lourd et ne peut plus être soutenu par le courant ascendant. D'un seul coup, c'est une véritable avalanche d'air qui s'abat jusqu'à la surface de la mer, et qui provoque dans sa chute de terribles turbulences atmosphériques, de la puissance d'un ouragan ! Ces rafales descendantes ne durent que quelques dizaines de minutes à peine, mais dévastent tout. Rien ne peut en réchapper. Ni homme, ni bateau, ni avion.

Il y a déjà là de quoi vous dissuader à tout jamais de fréquenter le triangle des Bermudes… Mais ce n'est pas fini ! La zone est aussi sujette aux trombes marines, véritables tornades spontanées qui creusent la surface de l'océan. Comme sur terre, elles emportent tout sur le passage de leur tourbillon. Ajoutons-y encore les tristement célèbres « vagues scélérates », ces déferlantes monstrueuses et solitaires devenues la terreur des marins. Elles ne sont pas spécialement fréquentes dans cette zone, mais si elles sont associées à un ouragan, avec un petit peu de houle, ces vagues deviennent particulièrement dangereuses, même pour les plus gros navires.

Mais, me direz-vous, pourquoi tous ces phénomènes apparaissent-ils spécialement dans le triangle des Bermudes ? Eh bien, c'est à cause de la température des eaux de l'océan : à cet endroit, elles sont chauffées à la fois par le courant bien connu du Gulf Stream, et par la forte insolation due à la latitude. Avec les courants ascendants et la charge d'humidité qu'elles génèrent, ces eaux très chaudes peuvent transmettre à l'atmosphère une énergie exceptionnelle, capable de produire une tempête en quelques minutes !

Les scientifiques ont-ils définitivement résolu les mystères du triangle des Bermudes ? Il est en tout cas incontestable que, par leur soudaineté comme par leur violence, ces phénomènes météorologiques extrêmes sont capables d'anéantir des navires comme des avions en quelques minutes. Bien sûr, ceux qui préfèrent rêver à l'hypothèse d'enlèvements extraterrestres restent libres de le faire… Mais personnellement, je trouve la violence de ces phénomènes météorologiques bien suffisante pour nous faire frissonner !

Éclaircie

Les trombes se forment quand des vents frais circulent audessus d'eaux plus chaudes. Une colonne d'embruns se développe alors : elle se met à tournoyer, grossit et forme un entonnoir, sur lequel naît un nuage de type cumulonimbus. Au fur et à mesure que la trombe marine se renforce, l'entonnoir s'allonge et finit par toucher la surface de l'eau, déclenchant à sa périphérie un tourbillon de vents violents pouvant dépasser les 100 km/h. Les trombes se produisent exclusivement pendant la journée, parfois en groupes de deux ou plus. Elles peuvent creuser la surface de l'eau sur une vingtaine de mètres de diamètre. Heureusement, le phénomène ne dure guère plus de 20 minutes.

28.

Pourquoi pleut-il parfois des grenouilles ou des poissons ?

Je vous sens déjà dubitatifs à la lecture de ce titre… et pourtant, cela n'a rien d'une blague ou d'une légende ! D'ailleurs, les pluies d'animaux sont relatées depuis des millénaires. Dans la Bible même, on affirme que Moïse aurait fait s'abattre des nuées de grenouilles sur l'Égypte, pour punir le pharaon qui refusait de libérer les Hébreux. Et au IIe siècle de notre ère, l'historien grec Athénée de Naucratis s'étonne d'une pluie de poissons qui tombe sur Athènes pendant trois jours, mais aussi d'un déluge de grenouilles qui s'abat sur le banquet qu'il partage avec des amis ! Balivernes ? Contes pour enfants ? Pas du tout !

On sait aujourd'hui que les pluies de grenouilles existent et qu'elles n'ont rien de surnaturel. Arrachés de leurs étangs ou marais par des vents violents, les malheureux batraciens sont parfois transportés sur des centaines de kilomètres avant de retomber ! Le réalisateur Paul Thomas Anderson a porté à l'écran cet incident météorologique dans son film *Magnolia*, avec Tom Cruise. Et si l'idée même d'une pluie de grenouilles vous dégoûte, dites-vous qu'elles sont tout de même bien préférables aux milliers de serpents qui chutèrent, vivants, sur la ville de Memphis en 1877 !

Au Honduras, ce genre de pluie miraculeuse est même devenu un phénomène si régulier que les habitants de la ville de Yoro ont organisé un festival, appelé « Lluvia de Peces », qui a lieu entre juin et juillet de chaque année, lorsque tombent du ciel des centaines de petits poissons ! Le but du jeu est alors de les pêcher avec… des parapluies ouverts à l'envers ! Parmi les phénomènes les plus surprenants, il faut aussi mentionner la pluie de 1578 à Bergen, en Norvège. Les habitants auraient reçu sur la tête… d'énormes souris jaunes, tout à fait inconnues dans la région !

Toutes ces pluies d'animaux sont dues à de fortes tempêtes ou à des ouragans, qui emportent les petits animaux terrestres qu'ils trouvent sur leur chemin, ou les bancs de petits poissons qui nagent plutôt en surface, comme les sardines. La précieuse cargaison pourra retomber, comme par magie, des centaines de kilomètres plus loin, lorsque se calment enfin les vents furieux qui la maintenaient en suspension dans les nuages…

Quand on sait que les plus puissantes tornades peuvent propulser dans les airs des vaches ou des chevaux, on peut sans peine imaginer que des vents moins forts suffisent à aspirer de petits animaux. Et si les pluies de petits poissons et de grenouilles sont les plus communes, c'est sans doute parce que ces animaux restent à la surface de l'eau, sans abri protecteur, lors des tempêtes. Mais on a recensé des exemples plus exotiques ! Ainsi une pluie de vers de terre, tombée sur les montagnes de Norvège en 2015 ; une nuée de crevettes en Australie en 1978 ; ou encore la chute de plusieurs centaines de tourterelles en 2011, en Italie. De quoi alimenter les peurs de fin du monde chez les lecteurs de la Bible…

Enfin, il arrive souvent qu'il pleuve, non pas des animaux, mais des matières tout à fait ahurissantes ! Et ces pluies-là sont tellement étranges qu'on leur a donné un nom spécifique, les *fafrotskies.* Ils représentent d'incroyables énigmes que même Sherlock Holmes n'aurait pu résoudre. Ainsi, d'où venait la substance fibreuse, de couleur bleue, qui ressemblait à de la soie, et qui couvrit comme de la neige la ville de Naumbourg, en Allemagne, le 23 mars 1665 ? Et de quoi pouvait être constituée cette espèce de beurre puant qui a chuté sur une partie de l'Irlande, en 1696 ?

Le savez-vous ?

La « gelée d'étoiles » est le nom qu'on donne aux substances gélatineuses qui tombent parfois comme une pluie. On peut trouver cette gelée à l'endroit où s'est consumé un petit météore (ou étoile filante) tout droit venu de l'espace. Aucun scientifique n'est parvenu à analyser sa substance, qui s'évapore trop vite après la chute. D'autres gelées étranges sont en fait constituées de la matière qui entoure les œufs de batraciens ! Elles auraient été, elles aussi, emportées par les vents de type cyclone ou ouragans. Décidément, les grenouilles sont partout…

Enfin, toujours à propos des *fafrotskies*, vous avez sans doute déjà rencontré les fameux « cheveux d'ange, » ces fils qui volent au vent, semblables à de la soie blanche et brillante. Ils furent étudiés scientifiquement pour la première fois en 1741, mais leur analyse est très difficile, car dès qu'on les ramasse pour en faire une pelote, ils fondent ! Les savants ne se sont pas découragés pour autant. À force de patience, ils sont parvenus à analyser ces fils très instables et qui se dégradent au contact de l'oxygène. Mais les résultats les ont rendus plus perplexes encore : ces mystérieux cheveux d'ange contiennent du silicone, du magnésium, du calcium et du bore… Ceux qui voulaient que ces fils soient des fils d'araignée en sont restés pour leur frais, car ces composants n'existent pas dans la soie des arachnides.

Sachez d'ailleurs que, bien qu'elles ne volent pas, certaines araignées sont des spécialistes du déplacement par les airs ! En effet, ces petites bêtes migrent grâce à un phénomène appelé l'aérostation : elles se servent de leurs fils, emportés par le vent, pour se faire transporter par les courants ascendants…

Devinette

Savez-vous d'où provient le nom des *fafrotskies* ? C'est tout simplement le condensé de « *falls from the skies* », « ce qui tombe des cieux » en anglais ! En français, on qualifie plus généralement de « fortéens » tous ces phénomènes mal compris ou paranormaux. Ce nom vient de celui de l'écrivain américain Charles Hoy Fort, qui a décrit de nombreux phénomènes inexpliqués.

29.

Pourquoi y a-t-il des tornades en grand nombre aux États-Unis et très peu chez nous ?

On pourrait presque dire que la tornade est une spécialité américaine, au même titre que le hamburger ou le base-ball ! En effet, les trois quarts des tornades qui se produisent sur Terre ont lieu aux États-Unis : on en dénombre entre mille et mille deux cents chaque année. Elles ont presque toujours lieu dans les mêmes États, ceux du centre et du sud de cet immense pays. Voyons donc pour quelles raisons les tornades sévissent chez nos amis Yankees !

Les tornades sont des vents très violents, qui forment en tournant sur eux-mêmes un vortex. Contrairement au cyclone tropical, qui peut atteindre des centaines de kilomètres et perdurer des jours, il s'agit d'un phénomène très localisé et éphémère. Mais si elle ne dure que quelques minutes ou quelques heures, la tornade n'en reste pas moins le phénomène venteux le plus extrême qui existe à la surface de la Terre : à l'intérieur de la spirale, des vitesses de 480 km/h ont été mesurées, et on suppose que des rafales dépassant les 500 km/h ont pu se produire. Comme beaucoup de phénomènes météorologiques violents, les tornades sont dues à la rencontre de masses d'air chaud avec des masses d'air froid. Les États-Unis sont donc pour elles un terrain propice, car l'air chaud et humide provenant de la mer des Caraïbes se heurte à l'air glacial qui descend directement du Canada. En outre, dans le centre des États-Unis, il y a très peu de relief pour s'opposer à ces masses d'air, qui sont contenues à l'ouest par les immenses montagnes Rocheuses, et à l'est par la chaîne des Appalaches. Entre les deux, dans la zone des « grandes plaines », tout est alors réuni pour que les masses d'air antagonistes se rencontrent !

Les États les plus touchés sont le Texas, l'Oklahoma, le Nebraska et le Kansas, à tel point qu'on a surnommé cette zone le « Tornado Alley », l'allée des tornades... Le printemps est la meilleure période – ou plutôt la pire ! – pour la formation des tornades, car c'est à ce moment que les différences de température entre les masses d'air du nord et celles du sud sont les plus fortes. Elles créent donc des conditions très instables, qui favorisent l'apparition des orages. Or, pour qu'une tornade se forme, il faut avant tout un orage !

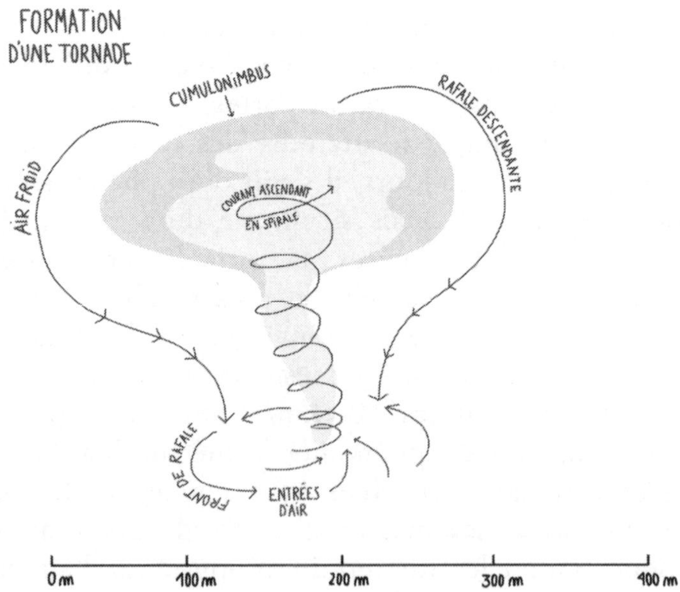

Mais voyons plutôt : lorsque les deux masses d'air venant respectivement des mers du Sud et du Grand Nord canadien se rencontrent, la masse chaude et humide provenant du sud va avoir tendance à glisser sous la masse froide. Le contraste thermique extrême ne tardera pas à créer un de ces énormes nuages d'orage, le cumulonimbus, qui va se nourrir de l'humidité de la couche d'air inférieure et prospérer... À l'intérieur des cumulonimbus, l'air est très instable : des courants ascendants et descendants très forts se forment entre l'air chaud proche du sol et l'air froid qui voyage presque au sommet de la troposphère. Autant dire que le nuage devient un énorme *shaker* ! Mais, progressivement, ces vents vont s'organiser. À la périphérie du nuage, les courants descendants se font en ligne droite dans le sens vertical. Mais au centre du nuage, le mouvement ascendant va progressivement prendre la forme d'une spirale de vent. C'est-à-dire qu'au lieu de monter en ligne droite, l'air va monter en formant un tourbillon très rapide, qui tourne à l'horizontale ! Enfin, ce vent tournant à l'intérieur du nuage va finir par se propager jusqu'au sol... par l'intermédiaire de ce tourbillon caractéristique des tornades. C'est au niveau de cette spirale, plus serrée que celle du nuage qui le surmonte, que les vents sont les plus violents.

Devinette

Savez-vous comment s'appelle la spirale formée par la tornade, au-dessous du nuage ? C'est le tuba ! On peut y voir une lointaine parenté avec l'instrument de musique du même nom... mais le plus souvent, le tuba d'une tornade ressemble davantage au pied d'un champignon, ou plus exactement à celui d'une girolle. Le diamètre du tuba est variable, mais il ne dépassera jamais quelques centaines de mètres de diamètre.

Pour les habitants des régions concernées, les tornades sont d'autant plus dangereuses que leur formation est extrêmement rapide. En moyenne, il faut à peu près une dizaine de minutes pour qu'une tornade dévastatrice se lance. Et dès lors qu'elle tourbillonne dans le sens horizontal, elle se met à avancer sur les vastes plaines comme une toupie folle ! Sa vitesse de déplacement varie de 20 à 40 km/h, mais ses mouvements sont imprévisibles, et le vent à l'intérieur du tourbillon peut dépasser les 400 km/h !

Dès lors qu'elle est lancée, et pour peu qu'elle soit d'une intensité suffisante, une tornade arrachera tout sur son passage : les arbres sont abattus, les voitures soulevées, et une foule de débris de toute sorte gravite autour du tourbillon. Inutile de chercher à leur résister : on a vu des camions, des vaches et même des maisons aspirés par le tourbillon et transportés à des dizaines de mètres de hauteur ! Une tornade peut décimer un troupeau de bétail. C'est pour cette raison que si vous allez au Kansas, ou en Alabama, vous trouverez souvent, à côté des ranchs, des abris souterrains où tout ce qui est vivant trouve refuge, en attendant que la tornade s'éloigne… Mais cela ne suffit pas toujours : en décembre 2015, on a dénombré une trentaine de personnes tuées au Texas dans une série de tornades. Fort heureusement, toutes les tornades ne sont pas aussi graves.

Selon certains scientifiques, le changement climatique aurait un impact sur la fréquence et la violence des tornades, qui pourraient devenir de plus en plus nombreuses. Selon d'autres, ce serait tout le contraire : les orages devraient se raréfier, offrant moins de possibilités de tornades. D'autres encore pensent que les vents de haute altitude, en s'affaiblissant, laisseraient tomber plus souvent l'air froid qu'ils transportent, créant par là des occasions de rencontre avec les masses d'air chaud… et c'est parti pour la tornade ! Encore une fois, nous n'en sommes qu'aux hypothèses.

Le savez-vous ?

La force des tornades se mesure sur l'échelle de Fujita, du nom du scientifique japonais qui l'a mise au point en 1971. Il faut savoir que 82 % des tornades qu'on enregistre dans le monde restent au premier échelon, F0 (F pour Fujita !), lorsque les vents ne dépassent pas 120 km/h. À partir de l'intensité F2, les dégâts peuvent être très importants, avec des vents soufflant entre 180 et 250 km/h. L'échelon le plus élevé est F5, que seules 0,3 % des tornades atteignent. Heureusement, car avec des vents supérieurs à 420 km/h, les effets peuvent être terrifiants : des maisons peuvent être emportées tout entières dans les airs !

30.

Pourquoi y a-t-il une atmosphère ?

L'atmosphère est une couche gazeuse qui entoure certaines planètes. Sur Terre, l'atmosphère est faite du bon air que nous respirons ! Mais comment s'est-elle formée ?

Si vous êtes partant, nous allons remonter 4 milliards d'années en arrière… Notre beau Soleil est déjà à son poste depuis quelques centaines de millions d'années, et des planètes se sont formées autour de lui, à partir de débris stellaires. La Terre est alors bien différente d'aujourd'hui : pas d'océans, pas de vie, pas d'atmosphère… mais cela n'allait pas tarder ! En effet, partout à la surface du globe, et durant des millions d'années, une monstrueuse activité volcanique libère les gaz qui étaient jusque-là prisonniers dans les roches constituant la planète. C'est ce qu'on appelle le dégazage volcanique.

Mais, me direz-vous, une fois libérés par les roches en fusion, pourquoi ces gaz ne se sont-ils pas dispersés dans l'espace interstellaire ? Eh bien, parce que les molécules qui les composent ont été retenues par la pesanteur terrestre. Grâce à cette gravité, les gaz à la surface de notre planète, tout comme n'importe quel animal ou objet, ne s'envolent pas dans l'espace ! Au contraire de ce qui se passe par exemple sur la Lune, où la gravité est trop faible pour retenir une atmosphère.

Dans ce cas, vous pourriez vous demander pourquoi ces molécules de gaz, puisqu'elles sont retenues par la pesanteur, ne sont pas tassées et écrasées à la surface du sol terrestre ? C'est d'abord parce que ces molécules d'air sont très élastiques, et par conséquent difficiles à comprimer : elles résistent donc bien à la gravité. En outre, à la surface de la Terre, les molécules d'air sont agitées par un mouvement très rapide. Vous ne le percevez pas, mais ce mouvement atteint la vitesse d'une balle de fusil, 500 mètres par seconde ! Il est en grande partie provoqué par la chaleur, ce qu'on appelle l'agitation thermique, mais aussi par la pesanteur terrestre, l'attraction lunaire, et la rotation de la Terre sur elle-même. Alliée à la gravité, cette agitation des molécules d'air explique l'épaisseur de l'atmosphère terrestre.

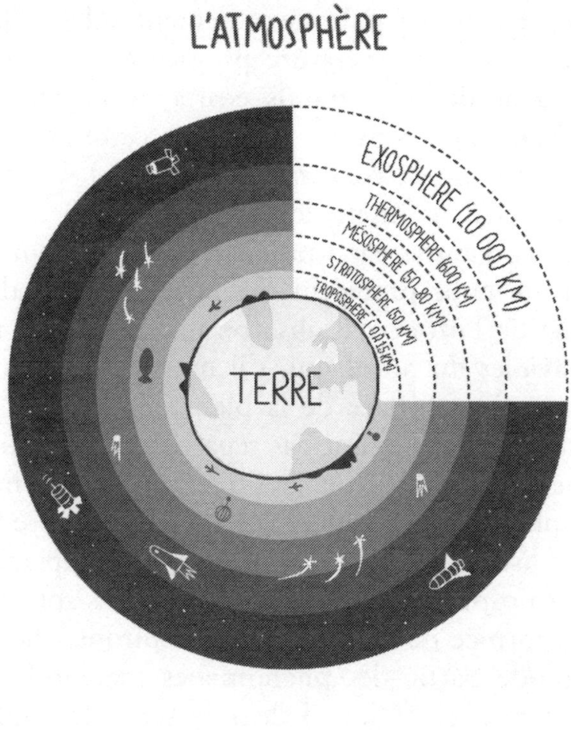

Double coup de chance, donc : non seulement l'atmosphère terrestre ne s'est pas évaporée dans l'espace, mais elle n'est pas non plus plaquée à la surface du globe. Mais surtout, notre atmosphère offre des conditions favorables à la vie ! Ce qui n'est pas le cas sur toutes les planètes qui en sont dotées, loin de là. Voyons, par exemple, le cas de nos plus proches voisines, Vénus et Mars, dont la taille et la température interne sont à peu près comparables à la Terre : il fait en moyenne – 55 °C à la surface de Mars, et… 457 °C sur Vénus ! Eh bien, si nous sommes privilégiés sur Terre avec une température moyenne de 15 °C, c'est grâce à la composition de notre atmosphère. Et spécialement grâce à certains gaz comme la vapeur d'eau (H_2O), le dioxyde de carbone (CO_2) et le dioxyde de soufre (SO_2), qui assurent l'effet de serre et retiennent une partie de la chaleur transmise par le rayonnement solaire. Ils maintiennent donc une température propice au développement de la vie, sans de trop grands écarts de chaleur entre le jour et la nuit. Nos voisines n'ont pas cette chance… Sur Vénus notamment, la concentration de CO_2 est telle qu'il y règne une chaleur infernale !

À l'inverse, d'autres gaz tout aussi précieux pour le maintien de la vie nous protègent des effets néfastes du Soleil. C'est le cas de l'ozone : il absorbe une partie du rayonnement ultraviolet du Soleil qui, s'il nous arrivait en totalité, brûlerait tout à la surface de la planète !

Mais tous ces gaz ne sont pas répartis uniformément dans l'atmosphère. Selon l'altitude, les différences de composition de l'atmosphère sont considérables… Cela a poussé les scientifiques à distinguer plusieurs « couches » superposées au sein de l'atmosphère. La couche inférieure s'appelle la troposphère : formée de l'air que nous respirons, elle accueille la plus grande partie des phénomènes météorologiques et culmine entre 8 et 16 km d'altitude selon les endroits du globe. Juste au-dessus, on trouve la stratosphère, qui s'élève jusqu'à 50 km d'altitude. C'est elle qui héberge la fameuse couche d'ozone, qui absorbe les ultraviolets du Soleil. De 50 à 95 km d'altitude, vous êtes dans la mésosphère, depuis laquelle, même en plein jour, le ciel vous apparaîtra noir et parsemé d'étoiles, tout comme dans l'espace…

Devinette

Qu'est-ce que la ligne de Kármán ? C'est la frontière qu'on a établie entre l'atmosphère terrestre et l'espace : on la situe à 100 km d'altitude environ. Mais, bien sûr, cette frontière est toute théorique… Jusqu'à 600 km d'altitude, on trouve encore des traces de gaz qui constituent notre atmosphère, mais la densité de matière y est extrêmement faible ! Au-delà de 600 km d'altitude, on pénètre dans l'exosphère, où les rares atomes de matière subsistants sont considérés comme négligeables… certains échappent même à la pesanteur terrestre et vont se perdre dans l'espace !

31.

Pourquoi y a-t-il des modèles en météorologie ?

La réponse tient dans une autre question : imagineriez-vous aujourd'hui un monde sans prévisions météo ? Sans savoir, avant de partir en week-end ou de prévoir un pique-nique avec vos amis, s'il fera beau le lendemain ? Et, à une tout autre échelle, pourrait-on concevoir qu'on ignore tout de l'état du ciel à l'heure où l'on envoie des fusées dans l'espace et où des avions de ligne sillonnent en permanence la planète ? Sans parler des marins, pour qui le mauvais temps peut être mortel.

Vous l'admettrez comme moi : personne, ni dans la vie courante ni dans l'industrie, ne pourrait plus se passer de ces fameux bulletins météo, qui donnent des prévisions de plus en plus éloignées dans l'avenir. Tout le monde, aujourd'hui, veut savoir non seulement le temps qu'il fera le lendemain, mais aussi la semaine suivante, voire dans les quinze jours qui suivent et peut-être même pour l'été prochain…

Voilà pourquoi les scientifiques ont dû prévoir des modèles de simulation de l'atmosphère. Car il ne suffit pas de lever le nez vers le ciel pour prévoir le temps qu'il va faire, même si l'on y trouve quelques indices ! Pour prédire l'état du ciel à plusieurs jours d'intervalle, les scientifiques ont conçu ces fameux modèles prédictifs, fondés sur une simulation simplifiée des processus et des lois en jeu dans la formation du temps.

Un exemple ? Eh bien, nous savons que l'été, la verticalité du Soleil provoque une hausse des températures. En outre, les jours sont plus longs, de sorte que le temps d'ensoleillement augmente aussi. Voilà déjà un premier petit modèle ! Il lie la présence et la position du Soleil aux variations des températures saisonnières. Imaginez que l'on fasse de même avec tous les autres paramètres météorologiques : pression atmosphérique, vents, précipitations, températures, reliefs, nuages… sans oublier de prendre en compte les interactions de ces différents paramètres entre eux ! C'est ainsi que, petit à petit, en empilant toutes les données, les météorologues ont établi des modèles, qui sont sans doute les plus complexes du monde des sciences étant donné le nombre d'éléments à enregistrer !

Devinette

Comment s'appelle le modèle météorologique conçu spécialement pour la France ? C'est le modèle AROME, pour Application of Research to Operations at Mesoscale. Il a été conçu par Météo-France avec un maillage très fin (maille de 1,3 km), donc une résolution très élevée, bien adaptée aux fortes variations atmosphériques auxquelles notre pays est exposé. Très performant, ce modèle de dernière génération limite l'échéance de la prévision à 36 heures, mais il prend en compte une multitude de réalités, comme la topographie, la géographie, la végétation, les cours d'eau, les villes… Autant d'éléments à intégrer pour affiner les prévisions, car ils influent notamment sur la composition de l'atmosphère, la force et la direction des vents, etc. Ce modèle est actualisé quatre fois par jour.

Pour établir un modèle, les scientifiques ont procédé à une sorte de maillage de la Terre. C'est-à-dire qu'ils ont découpé la surface de notre planète en cases plus ou moins grosses, comme les mailles d'un grillage. Mais les données ne sont pas les mêmes à mesure que l'on progresse en altitude dans l'atmosphère, ce maillage est donc démultiplié dans le sens vertical, ce qui donne autant de « boîtes » empilées les unes sur les autres. La résolution et la finesse du modèle dépendent des dimensions de ces mailles. Plus les boîtes sont petites et nombreuses, plus la résolution est élevée, et plus les prévisions seront précises.

À l'intérieur de chaque boîte du modèle, on entre des calculs précis sous forme d'équations complexes, puis on effectue la combinaison des calculs et des résultats de toutes les boîtes, c'est-à-dire plusieurs millions ! Vous imaginez sans peine l'extrême complexité des calculs ! D'où l'obligation de disposer d'ordinateurs surpuissants, car la combinaison de toutes les données est primordiale, d'autant que nous savons maintenant qu'un événement climatique au pôle Nord peut avoir des conséquences jusqu'au pôle Sud...

À cette résolution spatiale – la finesse du maillage –, s'ajoute ce qu'on appelle la résolution temporelle, c'est-à-dire la durée et la régularité des intervalles de temps entre chaque série de données. Comme pour les boîtes de la résolution spatiale, plus les espaces-temps sont courts, plus la prévision sera précise et fiable. Hélas, une résolution temporelle fine impose aux ordinateurs des réajustements de calculs colossaux. De sorte qu'aucun ordinateur n'est assez puissant pour mener à bien des simulations à long terme à l'échelle de toute la planète ! Et pourtant, les calculateurs aujourd'hui disponibles sont les plus puissants jamais utilisés par les services météo. Ils sont capables de faire un million de milliards de calculs à la seconde ! Partout dans le monde, les grands services météo sont à la recherche de calculateurs encore plus puissants.

Enfin, les données fournies aux ordinateurs dans ce maillage spatio-temporel doivent être confrontées et ajustées à celles procurées par d'autres éléments, comme l'état de la banquise ou la température des océans. Ces réajustements sont particulièrement importants pour les climatologues, qui travaillent sur l'évolution du climat.

Pour fournir toutes les données qui alimentent ces modèles, les météorologistes disposent d'instruments de mesure et de capteurs de plus en plus perfectionnés, depuis les stations météorologiques au sol jusqu'aux ballons-sondes envoyés dans l'atmosphère. Les satellites spécialement fabriqués pour les besoins de la météorologie sont eux aussi de plus en plus précis, avec un maillage de plus en plus fin. Ils étudient toutes les couches de l'atmosphère avec une précision de plus en plus importante. Certains instruments de mesure sont aussi embarqués dans des avions spécialement équipés pour la météo, notamment ceux de l'US Air Force qui analysent les cyclones. Mais c'est le cas également pour les avions de ligne qui disposent de stations automatiques embarquées : à chaque traversée,

Éclaircie

Connaissez-vous la signification des initiales QT, sur le calendrier des Postes ? Ce sont celles des Quatre-Temps, qui correspondent dans la tradition catholique à une période de jeûne au début de chacune des quatre saisons. Or, la légende ou la sagesse populaire prétend que les trois jours qui suivent chacun des Quatre-Temps permettent de déterminer le temps qu'il fera tout au long de la saison à venir. Mais la science a maintenant démontré que ces prévisions n'avaient pas beaucoup de sens.

on profite de leur vol pour emmagasiner des informations à haute altitude !

Enfin, sachez que la fiabilité des modèles prédictifs est encore incertaine lorsqu'on tente d'obtenir des résultats au-delà de quelques jours !

32.

Pourquoi y a-t-il des tsunamis… de glace ?

Le terrible tsunami qui a ravagé les plages thaïlandaises en 2004 est resté dans toutes les mémoires, tandis que dans les films catastrophes, le phénomène du tsunami est souvent exploité, et même exagéré par rapport à la réalité, avec des vagues géantes plus hautes que des immeubles ! Mais un raz-de-marée de glace, cela vous semble impossible ? C'est pourtant une réalité, quoique extrêmement rare.

Ces raz-de-marée ne sont pas provoqués, comme les tsunamis, par des tremblements de terre sous-marins. D'ailleurs, ils ne se produisent pas en milieu maritime, mais sur les rives des Grands Lacs américains, et parfois aussi sur le lac Baïkal en Sibérie, c'est-à-dire dans les régions froides de notre planète. Les riverains voient alors une vague de cristaux blancs apparaître comme par magie sur les plages ou sur les rives du lac. Modeste au départ, cette vague prend de l'ampleur à mesure qu'elle avance, dans un bruit de glace brisée. Mais attention, n'imaginez pas une vague comme celles des plages de Biarritz ! Le raz-de-marée est extrêmement lent, mais d'une puissance incroyable : le rouleau peut pousser d'énormes monceaux de glace, sans que rien ne l'arrête. Les Indiens d'Amérique attribuaient ce phénomène aux esprits, et les premiers colons à des sorcières. On peut les comprendre !

On ne peut rien faire contre ce lent raz-de-marée, que les Américains appellent « *ice tsunami* », ou encore « *ice shove* », littéralement la « poussée de glace ». Les arbres et les installations électriques sont arrachés. Les maisons elles-mêmes peuvent être broyées par ce véritable rouleau compresseur ! Si vous restez incrédule, allez donc voir les spectaculaires vidéos sur Internet... Quand l'énorme amas de glace bute sur un obstacle, il est grossi par les vagues qui suivent et qui, en cherchant à la chevaucher, peuvent s'élever jusqu'à une quinzaine de mètres de hauteur ! Ainsi, lorsqu'elle bute contre une maison, la vague pénètre par les fenêtres, par les portes, et finit par passer par-dessus le toit, qui peut s'écrouler... En 2013, dans le Minnesota, une douzaine de maisons ont été gravement endommagées.

LE TSUNAMI DE GLACE

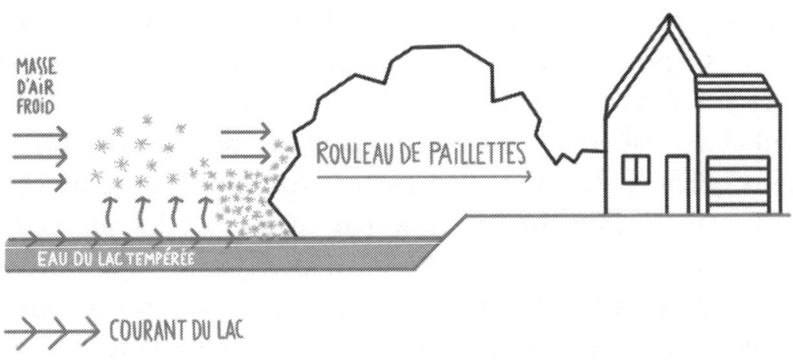

Le phénomène est d'autant plus spectaculaire qu'il semble se former comme par un tour de magie. Quelques heures avant qu'il ne commence, tout paraît normal.

Parfois, le lac n'est pas gelé, et il n'y a même pas de neige. Mais dans ce cas, comment ce cauchemar peut-il se produire ?

Il faut d'abord que plusieurs facteurs météorologiques se conjuguent : la force et la direction du vent, les courants dans le lac, et surtout de brutales variations de température. Car c'est avant tout le contraste entre la température de l'air, très basse, et celle de l'eau, qui provoque cette formation de glace. À la fin de l'été, l'eau des lacs est encore chaude. Il suffit d'une chute brutale de température de l'air dans la journée, pour que la brume qui se forme à la surface du lac se cristallise et se transforme en paillettes de glace. Poussées par le vent fort et par les courants du lac vers la rive, ces paillettes s'agglomèrent au contact du sol, petit à petit les unes aux autres. Au fil des vagues, ces paillettes s'agrègent, jusqu'à former un rouleau de gros blocs de glace ! La poussée des vagues suivantes propulse ce rouleau jusqu'à l'intérieur des terres. Et s'il avance très lentement, il n'en est pas moins terrifiant, car rien ne semble pouvoir arrêter l'avancée inexorable de cette énorme masse de glace ! Seule une renverse de vent ou une remontée brutale de la température peuvent stopper ce cauchemar.

Les tsunamis de glace peuvent aussi se former au printemps, alors que les lacs sont encore gelés et s'ils subissent un réchauffement rapide qui va entraîner un dégel brutal. Comme dans le cas précédent, une corrélation entre les courants et un fort vent en surface peut pousser les glaces du lac sur la rive pendant de longues heures. Et, cette fois, le facteur aggravant vient du sol, qui est relativement chaud : il fait donc fondre une petite partie de la glace, ce qui crée un véritable tapis humide sur lequel glisse le rouleau de glace, favorisant d'autant sa progression !

Le savez-vous ?

En octobre 2016, au lieu d'un *ice tsunami*, les habitants du village sibérien de Nyda ont trouvé sur leurs plages… des milliers de ballons de glace, d'une taille allant de la balle de tennis à celle d'un ballon de football ! C'est au moment où la mer est descendue après une marée de grande amplitude que le givre formé à la surface a été roulé par les vagues qui refluaient, modelant les morceaux de glace par contact sur le sable, comme des galets ! Une forte tempête avait produit le même phénomène sur le lac Michigan en 2014.

33.

Pourquoi les gouttes de pluie n'écrasent-elles pas les moustiques ?

Je suis certain que c'est une question que vous vous posez, quand vous découvrez qu'après une grosse pluie d'orage, au lieu de trouver les cadavres des moustiques qui vous harcèlent gisant dans les flaques d'eau, vous les entendez voleter autour de vous ! Eh bien, vous n'êtes pas les seuls à vous le demander… et à regretter que ce ne soit pas le cas ! Aux États-Unis, un chercheur de l'Institut de technologie d'Atlanta, David Hu, attaché au département d'ingénierie mécanique, s'est penché sur le problème car, contre toute attente, alors qu'il tombait des cordes sur son jardin, un moustique est entré par la fenêtre pour piquer son petit garçon âgé de six mois. Mais comment cet insecte avait-il pu résister au poids des énormes gouttes d'eau qui déferlaient du ciel ? Et cela alors même qu'une seule de ces gouttes est cinquante fois plus lourde que ce nuisible… En effet, la masse corporelle d'un moustique ne dépasse guère 2 milligrammes, alors qu'une grosse goutte de pluie pèse jusqu'à 100 milligrammes ! Comment donc le moustique peut-il survivre à de pareils chocs ?

Pour étudier le comportement des moustiques sous la pluie, le scientifique a utilisé des caméras capables d'enregistrer quatre mille images à la seconde. En laboratoire, il

Devinette

Quelles autres sciences sont intéressées par la météorologie ? En vérité, presque toutes ! La physique et la chimie pour comprendre les secrets de cet énorme laboratoire qu'est l'atmosphère. La biologie, la géologie, l'océanographie, notamment par le biais de la climatologie. Les mathématiques et les statistiques pour l'établissement des modèles de prévisions. Et même, nous le voyons à travers cet exemple, l'ingénierie mécanique !

s'est livré à une expérience recréant artificiellement une forte pluie, avec de grosses gouttes d'eau propulsées à la vitesse de 9 mètres par seconde. Il est apparu très clairement que, lorsqu'il entre en collision avec une goutte d'eau, le moustique n'est pas tué, mais se trouve englobé par la goutte qui l'entraîne alors dans sa chute ! Mais pour une fraction de seconde seulement… au bout de 40 à 60 millimètres de chute, le moustique parvient à s'extraire de la goutte et reprend son envol ! De sorte que, pendant la demi-heure qu'a duré l'expérience, aucun moustique n'a été tué par cette pluie artificielle.

David Hu et son équipe ont ensuite recommencé l'expérience en simulant une pluie plus douce. Ils se sont aperçus que ces nouvelles conditions, à première vue plus clémentes, causaient davantage de dommages aux moustiques ! Par leur impact, les gouttes affectent les ailes et les pattes de l'insecte, qui se trouve déstabilisé dans son vol. Mais en quelques secondes, il retrouve sa position initiale. Et en cas d'impact au centre de son corps, comme dans le cas précédent, le moustique chute avec la goutte d'eau, mais s'en libère rapidement… malheureusement pour nous !

Mais, me direz-vous, comment un moustique en pleine chute parvient-il à se libérer d'une goutte d'eau si lourde ? Les caméras à très haute vitesse nous donnent la réponse : c'est grâce à la longueur de ses ailes et de ses pattes, qui permettent au moustique de faire subir un mouvement tournant à la goutte. Il profite alors de la force centripète pour s'éjecter !

Et la goutte d'eau ? Est-elle affectée par ce passager clandestin ? Selon les résultats de l'enquête, le moustique ne modifierait pas sa vitesse : elle ne perdrait qu'une petite partie de son élan, entre 2 et 17 % de sa vitesse. En revanche, le moustique lui-même, qui ne peut résister à l'élan de la goutte d'eau, subit une accélération extrême, jusqu'à 30 *g* ! Pour vous donner une idée, une voiture de Formule 1 fait subir à son pilote des accélérations ou décélérations de 5 *g* ! Et les astronautes surentraînés ne peuvent guère supporter plus de quelques secondes une accélération de 12 *g*... C'est sa très faible masse qui permet au moustique de survivre à ces contraintes extrêmes et de ne pas ressentir les accélérations de la même façon que l'être humain.

L'homme aurait donc beaucoup à apprendre du comportement des moustiques dans les conditions climatiques défavorables. L'épreuve de la pluie nous montre qu'ils ne cherchent pas à éviter les gouttes et que, plutôt que de leur résister, ils choisissent de se déplacer avec elles. Exactement de la même façon que le boxeur accompagne les coups de son adversaire, pour amoindrir le choc ! D'ailleurs, David Hu lui-même ne peut s'empêcher d'apprécier la stratégie de ces horripilantes petites bêtes : « Le moustique, nous dit-il, est un maître incontesté du tai-chi-chuan, un art martial dont la philosophie consiste à éviter les forces de l'adversaire pour simplement les accompagner dans la même direction. »

Éclaircie

Si le moustique ne meurt pas sous le poids d'une goutte d'eau qui lui tombe dessus à une vitesse de 30 km/h, c'est aussi en raison de l'anatomie de cet insecte, pourvu d'un exosquelette, c'est-à-dire d'une sorte de carapace. Celle-ci, alliée à sa masse très faible, lui permet de supporter des poids infiniment supérieurs au sien. Par exemple, il pourrait tenir sur sa tête le poids de mille congénères sans aucun dommage. Vous seriez bien incapable d'en faire autant, car vous auriez environ 70 tonnes à soutenir !

34.

Pourquoi le réchauffement planétaire provoque-t-il des hivers plus rigoureux ?

Le responsable de ce paradoxe a été identifié : c'est le vortex polaire. Comme son nom l'indique, il s'agit d'un immense tourbillon d'air extrêmement froid. Il se forme durant les hivers polaires, quand le Soleil ne se lève plus pendant six mois… En fonction de la position du Soleil, la formation de ce vortex polaire se fait soit dans l'hémisphère nord (durant l'hiver boréal), soit dans l'hémisphère sud (durant l'hiver austral). Six mois durant lesquels la stratosphère, à cet endroit, se retrouve privée de la chaleur solaire et peut chuter jusqu'à – 85 °C ! Ainsi, entre la région du pôle et celles voisines de l'équateur, la différence de température devient colossale. Cet écart colossal entraîne la formation de vents violents entre ces deux zones extrêmes. De 10 à 50 km d'altitude, ces vents tournent sans relâche autour de la masse d'air froid du pôle, d'où leur nom de vents circumpolaires. Ils forment un puissant tourbillon d'air glacé de 1 000 km de diamètre, le vortex polaire !

Ce titan reste bien installé en altitude, au-dessus des pôles. Il atteint son summum en hiver et forme une masse d'air cohérente, isolée par ses vents frontaliers des flux d'air chaud provenant des latitudes moyennes. Contrairement à ce que l'on pourrait penser, il ne disparaît pas totalement durant l'été, mais s'affaiblit considérablement en raison du retour du Soleil, qui réduit l'écart de température entre les pôles et le reste du globe.

Le savez-vous ?

Le phénomène de vortex polaire n'est pas propre à la Terre : il existe des vortex extra-terrestres ! D'autres planètes de notre système solaire en sont aussi pourvues : Mars, Jupiter, Saturne et Vénus. Sur Jupiter, le plus grand vortex est ovale et il atteint plus de 12 000 km par 24 000 km ! Il est donc plus grand que notre planète tout entière !

Des climatologues chinois et anglais avancent que le réchauffement climatique, en réchauffant très rapidement le continent arctique, altère durablement les conditions de formation du vortex boréal. Dès lors, moins bien contenue par ses vents frontaliers, l'énorme masse d'air froid est désormais plus instable et se disperse. On comprend bien que comme l'air glacial n'est plus bloqué autour du pôle, il va avoir tendance à se répandre plus loin, jusqu'à nos latitudes ! Avec, pour conséquence, des risques accrus d'hivers rudes sur le continent eurasien et le continent nord-américain. C'est du moins ce que supposent les chercheurs dans un article publié par la revue *Nature Climate Change*, car sur ce sujet comme sur bien d'autres, nous en sommes encore au stade des hypothèses. Ce que l'on dit aujourd'hui ne sera peut-être pas la vérité de demain, mais c'est une interprétation qui semble tenir la route.

D'ailleurs, on se souvient de l'hiver exceptionnellement rigoureux qui a frappé l'Amérique du Nord en 2014, dont les effets spectaculaires sont restés dans les mémoires, comme le gel des titanesques chutes du Niagara ! Au même moment, le mercure était tombé jusqu'à – 53 °C dans le Montana.

Autre hypothèse, encore plus extrême et encore plus polémique : la Terre pourrait être au seuil d'une nouvelle ère glaciaire ! C'est ce qu'ont déclaré plusieurs scientifiques japonais, dont le célèbre océanographe Mototaka Nakamura. Si on les croit, le refroidissement attendu est si fort que la banquise pourrait atteindre les tropiques ! Cela s'est déjà produit dans l'histoire de la Terre : les scientifiques ont répertorié au moins quinze périodes glaciaires d'une durée de dix mille ans chacune. D'après le scénario envisagé, nous serions donc en train de vivre à présent la fin d'une ère interglaciaire, et devrions nous préparer à entrer dans une nouvelle ère glaciaire. Évidemment, tout ceci est à prendre avec beaucoup de prudence ! Mais cela montre bien que nous ne connaissons pas encore tous les phénomènes qui peuvent amener des changements climatiques.

35.

Pourquoi les courants marins jouent-ils sur le temps qu'il fait ?

Vous avez sûrement déjà entendu parler des courants marins, ou au moins de deux d'entre eux : le bienfaisant Gulf Stream en Atlantique, et le terrible El Niño dans le Pacifique. Ces courants ont une influence fondamentale sur les températures que nous subissons : véritables fleuves géants à l'intérieur de l'océan lui-même, ils convoient la chaleur que stockent les océans au niveau de l'équateur et des tropiques et la redistribuent tout autour du globe terrestre. Sur leur chemin, ces eaux chaudes réchauffent non seulement l'océan, mais aussi l'atmosphère qui les surplombe. Par le phénomène naturel de leur évaporation, elles adoucissent les températures, créent des dépressions et provoquent des précipitations bienfaisantes pour notre agriculture.

Mais comment peut-il y avoir des courants dans les océans autres que ceux créés par le flux et le reflux des marées ? En fait, la formation de ces courants marins – qu'on reconnaît comme tels lorsqu'ils sont réguliers, continus et cycliques – est le fruit de combinaisons complexes, qui nous échappent encore en partie. C'est pourquoi les océanographes et les météorologues continuent d'étudier ces courants pour mieux comprendre leur composition, ainsi que les impacts qu'ils peuvent avoir sur la météorologie et sur la biodiversité.

LES COURANTS MARINS

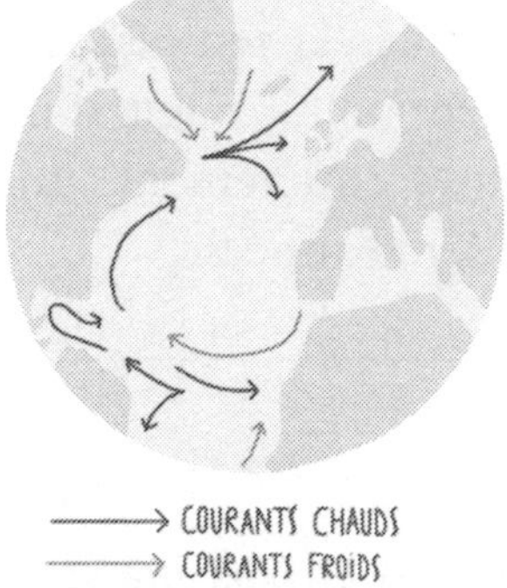

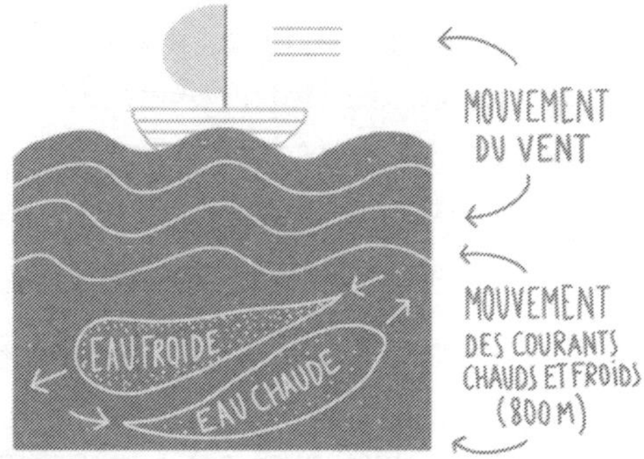

On sait déjà que, dans la mer, il se produit le même phénomène que dans l'atmosphère : les différences de température créent des mouvements et des échanges entre les masses d'eau. Mais la température n'est pas seule en cause : la densité et la salinité de l'eau de mer sont primordiales également. Tous ces aspects sont d'ailleurs interdépendants. Ainsi, les scientifiques ont constaté que plus l'eau est froide, plus sa teneur en sel augmente ! Et, bien évidemment, plus l'eau est dense, plus elle est lourde, donc plus elle plonge en profondeur.

Cette plongée des eaux froides et salées est à l'origine de la circulation océanique dite « thermohaline », un phénomène qu'on appelle aussi le « tapis roulant »… vous allez comprendre pourquoi. Chauffées par le Soleil au niveau de l'équateur et des tropiques, les eaux chaudes et peu salées qui circulent en surface vont avoir tendance à migrer en direction des pôles. Refroidies et rechargées en salinité du fait de l'évaporation qu'elles ont subie, les eaux plus froides et plus lourdes vont quant à elles plonger en profondeur. Elles se trouvent alors intégrées aux courants des fonds océaniques, qui circulent dans le sens inverse des courants de surface… Voilà pourquoi on parle de tapis roulant ! Les eaux des courants profonds finiront aussi par remonter, et le cycle recommencera. En faisant circuler des eaux chaudes et froides partout sur la planète, il contribue à réguler la température à la surface de notre planète. Mais attention, il s'agit d'un cycle lent ! On estime que pour le réaliser entièrement, une molécule d'eau mettra environ un millier d'années.

Devinette

À votre avis, quel est l'océan qui possède le plus grand nombre de courants ? Non, ce n'est pas le Pacifique, mais bien l'océan Atlantique, qui compte trente-six courants répertoriés, contre seulement seize pour le Pacifique, malgré sa taille deux fois supérieure ! L'océan Indien en compte treize, et les océans Arctique et Antarctique ferment la marche avec respectivement quatre et trois courants… ce qui ne signifie pas qu'ils soient plus faciles à naviguer pour autant !

Dans tous les océans circulent donc en permanence plusieurs couches d'eau, réparties en profondeur selon leur densité et leur température. Mais ces échanges thermohalins ne sont pas les seuls à l'origine du mouvement. Les vents de l'atmosphère ont aussi un rôle important, mais sur les courants de surface seulement, car leur influence devient nulle à partir de huit cents mètres de profondeur. Évidemment, les contours des continents et les reliefs sous-marins jouent aussi un grand rôle dans la direction prise par les flux d'eau, tout comme les montagnes peuvent influencer les vents dans l'atmosphère. Même la Lune a un impact, car elle est à l'origine des marées ! Enfin, la force de Coriolis, due à la vitesse de rotation de la Terre (cf. « Pourquoi le vent souffle-t-il ? »), intervient elle aussi dans la formation et la direction des courants marins. Elle produit même de gigantesques courants circulaires, les « gyres » océaniques.

Éclaircie

Le mot de circulation « thermohaline » vous paraîtra peut-être un peu barbare… Ce terme est en fait une contraction du préfixe thermo- (« chaleur » en grec) et de l'adjectif halin, qui se rapporte à la salinité de l'eau de mer. Il est donc parfaitement adéquat, puisque c'est la combinaison de ces deux éléments, la température de l'eau et sa salinité, associée aux vents et aux marées, qui crée les courants océaniques. Cette circulation est aussi désignée sous le nom de « circulation méridienne de retournement », ou MOC, en raison du mouvement de retournement que les eaux froides décrivent lorsqu'elles plongent en profondeur et repartent dans le sens inverse ! On parle d'AMOC dans l'Atlantique et de PMOC dans le Pacifique.

36.

Pourquoi l'effet de foehn apporte-t-il un supplément de chaleur aux habitants de Biarritz ?

Si vous avez la chance de connaître la ville de Biarritz, vous êtes sûrement sensible à sa douceur de vivre, ses plages ensoleillées, ses vagues qui font le bonheur des surfeurs, sa cuisine basque savoureuse… Mais à ces innombrables charmes, il faut ajouter une qualité d'air incomparable ! Un air sec et chaud… venu de la montagne ! Cela vous paraît étrange pour une ville au bord de l'océan ? C'est pourtant une réalité : les zones avoisinantes des massifs montagneux bénéficient de ce vent chaud et sec qui dévale les versants des reliefs. Ainsi la Côte basque, où se trouve Biarritz, bénéficie-t-elle de cette chaleur sèche qui rend la baignade en été si agréable !

Mais comment ces vents chauds et secs peuvent-ils provenir des cimes enneigées où il fait si froid ? Une fois encore, c'est notre atmosphère, ce milieu instable où se produisent les réactions les plus étonnantes, qui détient les clés de ce mystère : le responsable se nomme l'effet de foehn. Ce phénomène consiste en une double transformation de la masse d'air qui franchit un relief montagneux. Dans le jargon des météorologues, il est qualifié de thermodynamique, car la température entre en jeu !

Prenons par exemple la chaîne des Pyrénées. Lorsque le vent du sud se renforce sur son versant espagnol, la masse d'air est poussée et subit une ascension forcée : elle épouse le relief de la montagne et gagne ainsi en altitude. C'est alors que se produit la première phase de l'effet de foehn…

À l'approche du sommet, cet air se refroidit. En effet, vous le savez, la pression atmosphérique et la température diminuent en altitude (cf. « Pourquoi fait-il plus froid en altitude ? »). De sorte que notre vent du sud, chaud et humide, se refroidit à l'approche des sommets. Il perd même environ 6 °C par kilomètre d'altitude supplémentaire. Mais ce n'est pas tout ! Ce refroidissement a un effet remarquable : il entraîne la formation d'une mer de nuages au contact de la montagne. Lorsque l'air atteint la température du point de rosée, la vapeur qu'il contient se condense et se transforme en eau, donc en nuage (cf. « Pourquoi pleut-il ? »). La masse d'air se déleste alors de son humidité. De sorte que lorsqu'il arrive au sommet de la montagne, l'air chaud et humide du départ s'est refroidi et asséché.

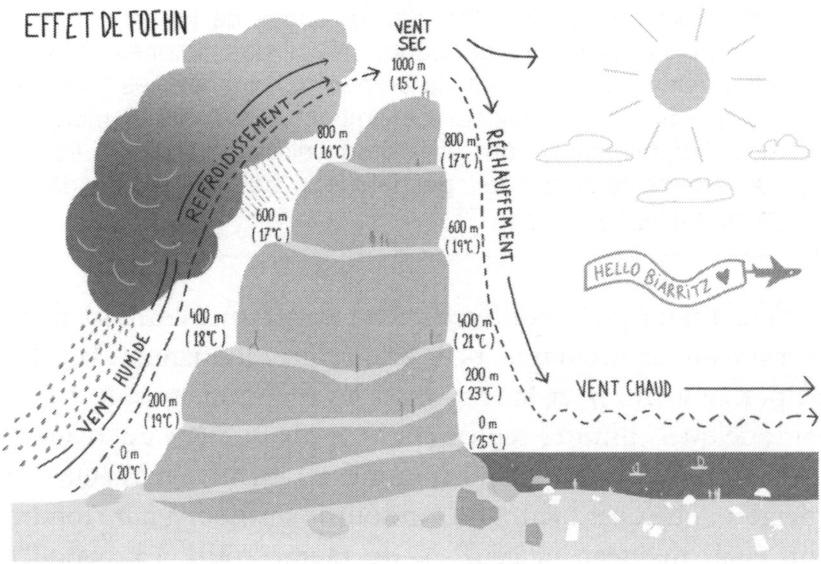

Se produit ensuite la deuxième phase de l'effet de foehn : toujours poussée par le vent du sud, la masse d'air dévale le versant opposé de la montagne, du côté de la France. Devenu froid et sec, l'air va se réchauffer de façon spectaculaire lors de sa descente. En effet, le gain de chaleur est bien plus important que ne l'a été le refroidissement lors de sa montée : l'air gagne cette fois 10 °C par kilomètre d'altitude ! Pourquoi ? Tout simplement parce que l'air sec change plus facilement de température que l'air humide.

Éclaircie

L'effet de foehn (ou föhn) tient son nom d'un vent chaud des Alpes, connu pour ses nombreux effets secondaires. Comme le vent d'autan dans le Midi toulousain, la balaguère dans les Hautes-Pyrénées ou le haize hegoa au Pays basque, c'est un vent qui a la réputation au mieux de fatiguer, et au pire de rendre fou ! Une étude de l'université de Munich a établi que les suicides augmentaient effectivement de 10 % lors des épisodes de foehn. D'ailleurs, en Bavière, le droit pénal prévoit des circonstances atténuantes aux auteurs de crimes passionnels les jours de foehn ! Pour souligner cet impact sur la santé mentale, les Allemands ont un dicton célèbre qui dit : « Un valet d'étable rendu fou par le foehn ira tuer le coq de la girouette ! »

Voilà pourquoi la différence de température entre les deux versants de la montagne peut être impressionnante. Dans les Alpes, le foehn peut faire monter les thermomètres de 10 °C en quelques minutes seulement ! Ce phénomène est redouté des alpinistes qui ont surnommé le foehn « mangeur de neige » : quelques heures de son souffle suffisent à faire fondre un épais manteau neigeux et, du même coup, à provoquer de meurtrières avalanches… Et si les vacanciers de Biarritz apprécient cet air chaud au moment de piquer une tête dans l'océan, les gens qui habitent la campagne redoutent ses effets dévastateurs sur les forêts où il peut contribuer à propager le feu !

Devinette

Quel est le sport que l'on peut pratiquer grâce à l'effet de foehn ? Le vol à voile, c'est-à-dire le vol en planeur ! Car l'effet de foehn provoque ce qu'on appelle des ondes orographiques, entendez par là une tendance des masses d'air à s'élever le long des parois montagneuses. Elles peuvent d'ailleurs monter très haut, à plus de 15 km ! C'est alors que vous pouvez voir apparaître ce qu'on appelle les nuages orographiques, des nuages lenticulaires au-dessus de la montagne : en général, ils traduisent un effet de foehn prononcé, qui apporte beaucoup de vent. Et les vélivoles, ceux qui pratiquent le vol à voile, sont capables d'utiliser ces ondes orographiques pour voler en planeur à des altitudes très élevées, même en l'absence de moteur ! C'est grâce à ces ondes que l'on bat des records d'altitude et de distance en planeur.

37.

Pourquoi en période de grand froid la « température ressentie » peut-elle être différente de la température réelle ?

Vous avez certainement remarqué qu'en hiver, avec le retour des températures négatives, les bulletins météo annoncent parfois deux températures pour le même endroit et le même moment ! En plus de nous indiquer la température réelle, celle donnée par les thermomètres, on a pris l'habitude de nous fournir en plus la « température ressentie », pour laquelle le thermomètre serait... notre propre corps !

Cette nouvelle tendance répond à une réalité physiologique. Où que vous habitiez, vous avez dû constater ce curieux paradoxe : la sensation de froid peut parfois être bien plus vive quand il fait 0 °C que lorsqu'il fait – 10 °C. En effet, certains facteurs peuvent accentuer les effets du froid sur notre organisme, en provoquant plus rapidement une hypothermie, mais aussi des lésions ou des gelures. Pour une meilleure prévention de ces risques, on indique désormais, quand les conditions l'exigent, aussi bien la température réelle que la température ressentie.

Mais comment s'explique la divergence entre les deux ? Vous connaissez sans doute déjà le responsable... c'est le vent ! Il accentue la sensation de froid, même si la température de l'air ne diminue pas. Et plus il souffle fort, plus la sensation de froid sera grande. On subit alors ce qu'on appelle le refroidissement éolien. Vous en avez certainement déjà fait l'expérience en vous déplaçant à vélo ou à moto par temps frais. À l'arrêt, le froid est tout à fait supportable, mais dès que vous prenez de la vitesse, il devient mordant, voire insupportable sur les parties de votre corps directement exposées au vent ! Ce phénomène nous est habituel, sans pour autant que la raison en soit évidente.

Il faut savoir que, dans des conditions normales, il se forme à la surface de notre peau une fine couche d'air chaud qui nous isole du froid extérieur, pour permettre à notre corps de maintenir sa température interne. Cela vaut d'ailleurs pour tous les animaux à sang chaud, même ceux qui portent une fourrure. Mais lorsqu'il souffle, le vent balaye cette fine couche d'air chaud isolante ! Et le corps dépense de l'énergie pour tenter de la reconstituer en permanence... Sur ces zones, la sensation de froid est donc plus aiguë. Le vent ne fait pas baisser la température réelle, mais il accentue la perte de chaleur de notre organisme en évacuant en permanence cette petite couche protectrice que l'on constitue à la surface de notre peau.

Notez bien que même les objets inanimés sont soumis au refroidissement éolien. Par exemple, la carrosserie d'une voiture refroidira plus vite si elle est soumise à un vent important. Seulement, ce phénomène cesse d'agir dès lors que sa température finit par égaler celle de l'air, c'est-à-dire la température réelle.

Afin que tout le monde puisse évaluer le risque auquel leur corps est exposé, on a choisi de quantifier le refroidissement éolien en degré Celsius. Par exemple, on calcule qu'à – 5 °C de température réelle, un vent de 50 km/h fait baisser la température perçue par le corps de 10 °C, soit l'équivalent d'une température de – 15 °C par temps calme.

Devinette

On estime que par une température réelle de 5 °C, et avec un vent soufflant à 60 km/h, la température ressentie chute à – 2 °C. Si vous laissez suffisamment longtemps une bouteille d'eau à l'air libre dans ces conditions, finira-t-elle par geler ? La réponse est non ! La bouteille refroidira certes plus vite avec le vent, mais sa température ne descendra jamais plus bas que la température réelle. Si celle-ci se maintient à 5 °C, elle ne gèlera donc pas. Cela montre bien que la température ressentie ne s'applique qu'aux humains !

Le savez-vous ?

Le concept du refroidissement éolien a été inventé en 1940 par le scientifique et explorateur américain de l'Antarctique Paul Siple sous le nom de *windchill factor*. Bien qu'il ait été rapidement adopté par tous les météorologues du monde, son estimation est longtemps restée approximative. Il a fallu attendre l'année 2001 pour que des équipes de scientifiques canadiens et américains mettent au point un nouvel indice de refroidissement éolien, plus proche de la réalité. Pour cela, ils ont procédé à des expérimentations, au cours desquelles des volontaires furent soumis à plusieurs combinaisons de températures et de vitesses de vent, dans une soufflerie réfrigérée. Les chercheurs ont noté les taux de perte de chaleur de leur visage, la partie du corps qui reste généralement la plus exposée en hiver. Notez que le principe d'un coefficient éolien pourrait s'appliquer tout aussi bien à l'humidité : on supportera moins une chaleur humide qu'une chaleur sèche.

Mais la température ressentie est plus un indice qu'une mesure absolue.

Enfin, le vent n'est pas le seul facteur en cause dans la température perçue par notre corps. Le fait d'être directement exposé ou non aux rayons du Soleil joue aussi sur notre ressenti ! Par temps froid, le réchauffement direct du corps par le Soleil équilibre la perte de chaleur. Il nous fournit, si l'on peut dire, un supplément d'isolation qui nous permet de supporter une basse température plus longtemps, en l'absence de vent notable. C'est pourquoi, par temps clair et ensoleillé, la température ressentie peut représenter un gain de 5 à 10 °C par rapport à la température réelle.

38.

Pourquoi peut-on filmer des tornades et pas des cyclones ?

À cause de leur différence de taille ! Il faut bien avoir en tête cette distinction. Les cyclones, les typhons ou les ouragans couvrent des centaines de kilomètres, tandis que la base de la tornade, rappelons-le, fait au maximum une dizaine de kilomètres. Cette dimension relativement restreinte – mais qui reste impressionnante ! – permet d'approcher la tornade et de la filmer en son entier, ou même de pénétrer dans son œil. Vous avez tous vu ces images de toupies noires et folles filer sur la campagne américaine.

Ces cameramen sont très célèbres dans le monde entier, et particulièrement aux États-Unis. On les appelle les « chasseurs de tornades », les *storm chasers*. Ils se consacrent entièrement à la capture de ces phénomènes climatiques spectaculaires, tâche particulièrement dangereuse ! En 2013, trois chasseurs de tornades, célèbres pour leurs prises de vues prodigieuses, ont d'ailleurs perdu la vie dans leur traque aux tempêtes en Oklahoma. Parmi eux, se trouvaient l'illustre Tim Samaras et son fils Paul, âgé de vingt-quatre ans.

Ce photographe était chasseur de tornades depuis vingt ans. Il avait même conçu des sondes pour relever toutes les données possibles (pression barométrique notamment) au cœur même des tornades et ainsi communiquer des données susceptibles de fournir davantage de fiabilité dans les alertes aux tornades. À cette fin, il avait également élaboré une grille de calcul capable de tracer le chemin qu'emprunterait la tornade, pour y placer la sonde ! Par ailleurs, il avait créé le TWISTEX (Tactical Weather Instrumented Sampling in Tornados Experiments), un outil couramment utilisé aujourd'hui par la météo américaine. Tim Samaras et son équipe, en véritables aventuriers modernes, avaient même fait l'objet d'un film hollywoodien en 1993, *Twister*.

Ce sont d'ailleurs ces chasseurs d'orages qui ont pu saisir, au Nebraska, les images d'une tornade particulièrement retorse, la *rope tornado*, dite « tornade lasso » en français. Celle-ci se caractérise par une forme ondulante et anarchique. Avec leurs tourbillons partant dans différentes directions, les « tornades lasso » sont totalement imprévisibles, d'où leur extrême dangerosité ! Elles se différencient des autres par leur aspect fracturé et intermittent. Si cette tornade semble effectivement segmentée, en réalité, le vortex reste ininterrompu et son aspect fragmentaire n'est qu'illusoire !

Leurs aventures sont tellement fascinantes qu'on en a fait une série : *Storm Chasers.* Certains d'entre vous ont peut-être suivi quelques-uns de ces épisodes de docu-fiction. Pour capter les images qui nous fascinent, notamment des images prises à l'intérieur de la tornade, l'équipe de cinéma avait même fabriqué un véhicule spécial : le *Tornado Intercept Vehicle*, « véhicule d'interception des tornades ». C'était une sorte de voiture blindée, extrêmement lourde, censée résister à la puissance du vent. Sur son toit, on avait installé un radar météorologique conçu pour comprendre la structure des orages violents et des ouragans. Hélas, le blindage et les sécurités installés dans cette voiture n'ont pas suffi pour protéger ses occupants : la disparition de Samaras et d'une partie de son équipe a mis un terme à la série *Storm Chasers*.

Les Français ne sont pas en reste dans cette aventure. Trois élèves ingénieurs à Météo-France sont partis l'année dernière pour la Tornado Alley, cette zone des grandes plaines du Middle West, pour enregistrer et filmer à leur tour ces monstres météorologiques.

Le savez-vous ?

L'École nationale de la météorologie (ENM) a créé un site Internet pour alimenter la soif d'images et d'informations des fous de tornades... Les images, c'est l'un de ces jeunes ingénieurs qui les fournit : Tony Le Bastard. Et les explications, ce sont les enseignants de l'École et les prévisionnistes de Météo-France qui les donnent. L'adresse : chasseurdetornades.tumblr.com. Attention, frissons garantis !

39.

Pourquoi voit-on un rayon vert au coucher du Soleil ?

Le rayon vert fait partie de ces phénomènes célestes nimbés de mystères et de légendes. Rare, émouvant, somptueux, ceux qui ont pu le voir n'en finissent pas de répéter combien il est extraordinaire. Quant aux autres, il ne leur reste que le vert de la jalousie.

Mais comment est-il possible que le Soleil, au premier et à l'ultime rayon du jour, diffuse du vert et non du jaune ? L'apparition du rayon vert répond à des conditions très particulières. Il n'est visible qu'à deux moments : au lever et au coucher du Soleil. Les probabilités de l'apercevoir sont cependant bien plus importantes lors du coucher puisque l'observateur appliqué peut suivre du regard le Soleil durant sa descente, jusqu'au dernier instant tant attendu.

Mais ce ne sont pas les bons élèves qui systématiquement auront le privilège de contempler le fameux rayon vert. Ce serait trop facile ! Comme le trèfle à quatre feuilles, c'est un gage de chance que d'en attraper un. On dit aussi que celui ou celle qui verra le rayon vert connaîtra le nom de son futur amour. Sans doute cela vaut-il le coup de rester quelque temps assis sur une plage !

Évidemment, pour percevoir ce phénomène optique, l'horizon doit être bien dégagé et l'air pur, sans particules ni poussières pour le diffracter ou le disperser. Le moindre nuage, et c'est raté ! Sous nos latitudes, ce rayon est si fugace que les Anglais préfèrent parler d'un flash. Certains chanceux ont néanmoins pu en observer un, sur l'île d'Hawaï, pendant 15 secondes !

Devinette

Combien de temps dure un rayon vert ? Sa durée dépend de la vitesse à laquelle le Soleil « tombe » dans la mer. Très courte à l'équateur, où le Soleil chute à la verticale (1,8 seconde), elle est de 2,5 secondes à une latitude de 45 °... et dure encore plus longtemps près des pôles où le Soleil reste longtemps à frôler l'horizon. Si on se trouve exactement au pôle, le rayon vert peut durer bien plus longtemps que ces quelques secondes, le Soleil ne bougeant pas. Certains chasseurs de rayons verts ont ainsi pu en filmer un qui a duré 35 minutes !

Même si ses conditions d'apparition semblent réunies, rien ne garantit l'apparition du fameux rayon vert. Vous aurez beau être sur la plage au moment du *sunset,* sous un ciel pur, constater que tous les signes annonciateurs d'un bon rayon vert se présentent, votre succès n'est pas certain. Le rayon ne sera pas forcément au rendez-vous. Un très grand nombre de variables peuvent le contrarier : la densité de l'air, la force du vent, pas assez d'écart entre la température de l'eau et celle de l'air, et tout est perdu ! Pas de rayon vert à admirer et à raconter à ses petits-enfants !

Il est temps d'expliquer ce phénomène. À mesure que le soleil entre dans l'océan, sa partie supérieure semble se stratifier en couches différentes, rouge sang au contact de l'eau, jaune d'or à son sommet. C'est bien sûr la position du Soleil par rapport à la Terre qui rend le rayon vert

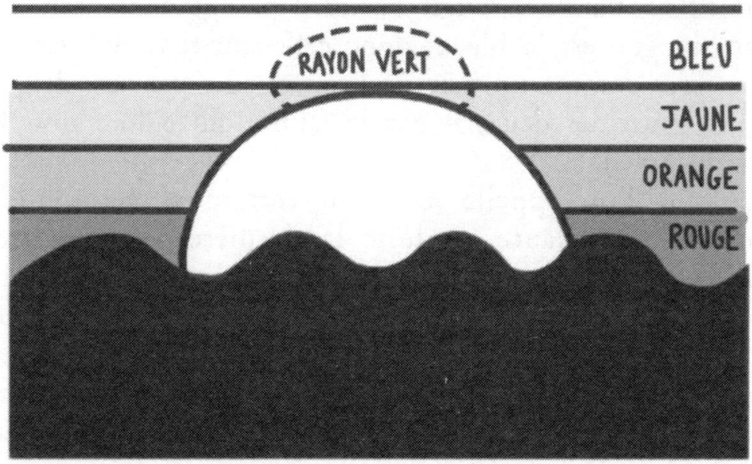

visible (l'illustration vous aidera à comprendre cela), mais, au plus près de l'horizon, les rayons traversent la partie la plus dense de l'atmosphère. Celle-ci peut donc jouer le rôle d'un prisme – comme un verre taillé – et décomposer la lumière blanche du Soleil. Dès lors, cette réfraction déploie les différentes longueurs d'onde qui composent la lumière. Car le rayon vert est un effet optique et pas du tout un rayon révélé par le crépuscule.

Mais pourquoi ce rayon rare prend-il cette couleur quand il apparaît ?

Là encore, ce n'est rien d'autre qu'un effet d'optique : quand ils entrent dans l'atmosphère, les rayons du Soleil dévient leur trajectoire et semblent se plier pour se redresser, plus au moins fortement selon leur longueur d'onde. Plus elle est courte, plus l'onde se verticalise. Au moment du coucher, nous l'avons dit, l'atmosphère a décomposé la lumière, et réfracté ses ondes que nous pouvons dès lors discerner grâce à leur couleur. La plus grande longueur d'onde, c'est la rouge. C'est donc la plus horizontale à nos yeux et c'est la raison pour laquelle on a l'impression que le Soleil s'enflamme, rougit quand il plonge dans l'eau. La moins longue est la bleue, donc celle qui remonte vers le ciel et crée comme un halo de lumière au-dessus du disque solaire. Entre les deux, il y a le jaune, qui colore tout le haut du Soleil.

Ce que l'on appelle le rayon vert, c'est cette onde bleue, la plus haute et donc la dernière à apparaître, mais celle qui, au contact du jaune, donne le fameux rayon vert ! Selon les conditions atmosphériques, il peut prendre l'apparence d'un petit pompon, ou d'un léger accent au sommet du soleil. Il peut aussi s'étendre davantage, comme un arc, ou bien être double, comme celui qu'un petit chanceux a pu photographier en Bretagne, à Plougasnou.

Permettez-moi une mise en garde avant de terminer. Si observer ce rayon vert à l'œil nu est absolument sans danger, avec des jumelles, c'est loin d'être le cas, il est donc bon d'être prudent… Protéger ses yeux est une règle importante dès que le Soleil est en ligne de mire.

Le saviez-vous ?

C'est un phénomène peu connu mais le rayon vert peut également être observé lorsque la pleine lune se lève. Les conditions de l'apparition sont les mêmes que pour celles du soleil. Bravo aux chanceux qui en seront les témoins !

40.

Pourquoi y a-t-il des avalanches ?

Nous avons tous lu, dans notre enfance, un roman d'aventures ou une bande dessinée dans lesquels les personnages provoquent une avalanche par un simple cri… Au risque de briser votre imaginaire d'enfant, je dois vous avouer que cette idée est un véritable mythe. Le bruit d'un hélicoptère lui-même ne suffit pas à déclencher une avalanche ! Cependant, il est vrai que ce phénomène destructeur est souvent provoqué par un choc plus ou moins important : le passage d'un skieur, la chute d'une corniche de neige, ou encore la détonation d'un explosif dédié à cet effet… Mais cet élément déclencheur ne constitue que le dernier maillon de la chaîne qui entraîne une avalanche. Et encore n'est-il pas toujours indispensable ! Alors, pourquoi les avalanches se produisent-elles ?

Eh bien tout naturellement, parce qu'il y a une trop grande accumulation de neige, sur une surface trop inclinée pour la retenir… un peu comme sur le toit d'une maison. Cela dit, avant que l'avalanche ne se produise, la masse de neige peut grossir tout au long de l'hiver et demeurer dans cette position plusieurs mois. Et contrairement à ce qu'on pourrait croire, ce n'est pas une dernière chute de neige qui provoque l'avalanche, comme une goutte d'eau qui ferait déborder le vase… Non, le mécanisme est un peu plus subtil que cela !

Pour le comprendre, il vous faut savoir que la masse neigeuse qui s'écroule lors d'une avalanche s'est formée tout au long de l'hiver, patiemment, chute de neige après chute de neige... Le manteau neigeux ainsi obtenu, qui peut atteindre plusieurs mètres d'épaisseur, est donc constitué d'une multitude de couches, à l'image d'un millefeuille... Or, si cette masse hétérogène et stratiforme parvient à s'accrocher à la pente durant plusieurs mois, c'est grâce à la cohésion des différentes couches, permise par l'amoncellement des flocons qui s'accrochent entre eux. Cette cohésion va s'opposer à la force de gravitation, qui a tendance à tirer cette énorme masse vers le bas.

Devinette

Comment nomme-t-on un spécialiste de la neige ? Un nivologue. Ce nom vient du latin *nivem*, la neige, d'où provient aussi l'adjectif « nivéal », en français. Le nivologue intervient en montagne, où il étudie la structure de la neige et la forme de ses flocons, qui lui permettront de détecter l'imminence d'une avalanche.

Mais ces différentes couches de neige qui forment le manteau sont de natures très diverses : chaque type de neige a ses caractéristiques et ses propriétés propres, sur lesquelles jouent considérablement les conditions météorologiques, à commencer par la température. Selon les cas, la forme des cristaux donnera à la neige plus ou moins de volume et de cohésion, donc plus ou moins d'adhérence entre les différentes couches. En général, la couche supérieure du manteau est très molle : formée de neige fraîche, elle ne possède que très peu de cohésion et vous pouvez la prendre par poignées sans aucune difficulté. En dessous se trouve une neige plus dure, tassée par le poids des couches supérieures : elle est tellement compacte qu'il vous serait impossible d'y plonger la main ! Enfin, curieusement, si vous pouviez creuser encore plus profondément, vous découvririez que les couches les plus basses du manteau neigeux sont constituées, à nouveau, de neige molle.

Le problème, c'est que toutes ces couches hétérogènes ne sont pas toujours cohérentes entre elles. L'une d'elles peut présenter une fragilité, si importante qu'un simple choc en surface suffira à rompre l'adhérence, qui entraînera dans sa glissade toutes les couches situées au-dessus d'elle…

Comment s'explique cette fragilité ? Elle peut être le résultat de différents mécanismes, généralement liés à la température et à l'humidité, qui vont modifier la structure même de la neige, donc de ses capacités d'adhérence. Le phénomène se produit lorsqu'il existe une forte différence de température entre les multiples couches de neige. Par exemple, si une première épaisseur se dépose sur le sol en automne, alors que le froid n'est pas encore trop mordant, et qu'il se produit ensuite une période de gel intense, il n'est pas rare que la température au niveau du sol qui soutient la couche inférieure soit de 0 °C, alors même qu'au-dessus des couches supérieures, la température de l'air est descendue à – 20 °C ! Les couches de neige agissent alors comme de véritables couvertures, qui isolent le sol du froid atmosphérique. Quand le contraste de température est tel, que se passe-t-il ? Eh bien, du fait de la chaleur relative qui les entoure, les flocons de la couche inférieure se « subliment » : ils se transforment en grains très fins et produisent de la vapeur d'eau. Cette vapeur d'eau est poussée vers le haut et, lorsqu'elle est exposée au froid des couches supérieures, elle se cristallise et prend la forme de « gobelets » : des cristaux en forme de lamelles de gros sel.

Mais ces gobelets, tout comme des grains de sel, n'ont aucune cohésion entre eux. Ils créent donc une fragilité au milieu des différentes couches de neige.

AVALANCHE

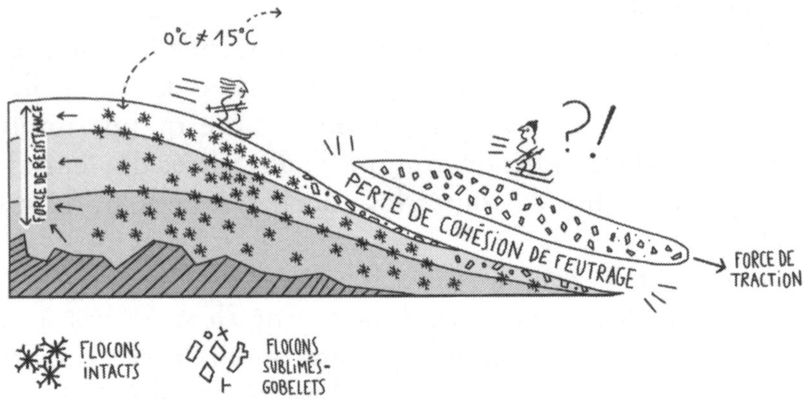

Et bien sûr, dès lors qu'il faudra supporter un poids supplémentaire suite à une nouvelle averse de neige, ou qu'un choc se produira, cette couche sans cohérence avec les autres va se mettre à glisser dans la pente, emportant avec elle tout le manteau neigeux supérieur… C'est l'avalanche !

Ce phénomène correspond à une « avalanche de plaque ». Le plus souvent, la neige en mouvement est assez dense, ce qui peut occasionner de gros dégâts aux bâtiments qui se trouvent sur sa route, mais la vitesse de déplacement de l'avalanche n'est pas forcément très rapide.

Il existe cependant d'autres formes d'avalanches, à commencer par l'avalanche de poudreuse, cette neige toute fraîche, dont les flocons emprisonnent de l'air en tombant, ce qui lui donne cette légèreté. S'il neige en abondance, le poids de cette couche très légère mais peu cohérente va provoquer une avalanche. La poudreuse étant composée à 90 % d'air, on aurait tendance à la considérer comme inoffensive…

Pourtant, ce type d'avalanche se déclenche brutalement, et dévale les pentes à une vitesse terrifiante, qui peut atteindre 400 km/h ! Ces avalanches sont des splendeurs à regarder, tant elles semblent formées d'un gigantesque nuage qui ne cesse de grossir dans sa course. Mais ce n'est pas la neige elle-même qui est la plus destructrice dans ce phénomène, c'est l'air qu'elle pousse devant elle : l'onde de choc provoquée détruit tout ce qui s'oppose à son passage, avant même l'arrivée du nuage de neige !

Éclaircie

Si les vagues de froid de l'hiver, par le mécanisme que nous venons de décrire, peuvent être à l'origine des avalanches, le redoux du printemps n'est pas en reste ! La neige se gorge alors de la pluie ou de la bruine qu'elle reçoit. Transformée en une sorte de crème, elle perd sa cohésion et glisse sur les pentes comme une coulée de lave !

41.

Pourquoi les océans influencent-ils notre climat ?

Parce qu'ils sont le principal réservoir de chaleur de notre planète ! En effet, les océans absorbent entre 80 et 90 % de la chaleur dégagée par le Soleil. Ils la stockent bien plus efficacement que les continents et l'atmosphère, et la restituent de façon beaucoup plus mesurée. Ainsi, les océans amortissent les variations de température que provoquent la succession du jour et de la nuit et celle des saisons.

C'est la raison pour laquelle, sous une même latitude, il peut exister deux types de climats très différents. Les pays proches de l'océan, comme ceux de l'Europe occidentale par exemple, bénéficieront de son influence. On parle alors, vous l'avez deviné, de climat océanique ! Comme l'océan varie peu en température, les hivers n'y sont pas très froids, et l'été, la température reste supportable. À l'inverse, les pays situés bien à l'intérieur des terres seront soumis à un climat continental. En l'absence des masses d'eau régulatrices de l'océan, les hivers y seront glaciaux, et les étés beaucoup plus chauds.

Observez une carte de l'Europe. Vous pouvez constater qu'Édimbourg, la capitale de l'Écosse, est à peu près sur la même latitude que Moscou, celle de la Russie. Et pourtant, nos amis écossais n'ont jamais connu les terribles hivers de

Moscou, où les températures peuvent chuter jusqu'à – 30 °C ! Pas plus qu'ils n'ont à subir les étés torrides qui accablent la capitale de la Russie. Pourquoi ? Parce que l'Écosse bénéficie directement de l'influence de l'océan Atlantique, alors que Moscou se trouve à plus de 1 000 km de la mer !

Mais attention, ces bienfaits de l'océan ne s'exercent que sous nos latitudes, dans la zone tempérée de la planète. Autour de l'équateur et dans la zone intertropicale, où les saisons sont très peu marquées, l'effet n'est pas le même… Comme l'océan y est très chaud, il subit une évaporation importante qui est à l'origine de pluies diluviennes ou de la formation des ouragans ! Mais ailleurs sur la planète, et de façon plus bénéfique, les océans apportent des pluies bienfaitrices.

Surtout, en stockant la chaleur, les océans amortissent aussi le réchauffement climatique. Sans eux, la montée des températures atmosphériques serait beaucoup plus rapide. En effet, non seulement les océans captent la chaleur du Soleil, mais ils absorbent aussi de grandes quantités de dioxyde de carbone, ou CO_2. Ce gaz, vous le savez, contribue à l'effet de serre qui nous permet de ne pas geler sur notre bonne vieille planète, mais qui devient aujourd'hui excessif… depuis que l'activité humaine en produit trop ! En « avalant » ce gaz, les océans ralentissent donc le réchauffement climatique. Hélas, ce n'est pas sans danger pour eux : en tombant dans l'eau, le dioxyde de carbone se transforme en carbonate, une substance très acide. De sorte qu'en deux siècles, l'acidité des océans a augmenté de 30 %. Et, malheureusement, cette acidité est néfaste à de nombreux organismes marins, comme les massifs coralliens. En outre, elle semble diminuer la capacité de captage du CO_2 par l'océan ! En d'autres termes, plus l'océan deviendra acide, moins il pourra absorber l'excédent de CO_2 et freiner le réchauffement…

Éclaircie

On appelle « cycle de rétroaction » le parcours et les transformations subies par l'eau sur Terre, depuis son évaporation dans les eaux chaudes de l'océan, jusqu'à sa retombée sur terre sous forme de pluie. Une théorie voudrait que le réchauffement climatique accélère le cycle de rétroaction, mais à ce jour, elle n'est pas encore prouvée. Grâce aux satellites, on a pu mesurer qu'effectivement, le réchauffement augmentait l'évaporation et l'absorption de l'eau de mer par l'atmosphère, mais personne n'a pu confirmer que la pluviosité augmentait en proportion.

Bonne nouvelle toutefois pour les océans ! Boyan Slat, un Néerlandais âgé de seulement vingt-deux ans, vient d'inventer un système de nettoyage des océans, baptisé Ocean Cleanup, qui devrait débarrasser les flots des énormes quantités de déchets plastiques qui flottent à leur surface. L'objectif est de purger, d'ici cinq ans, 50 % de la monstrueuse plaque de déchets qui navigue entre Hawaï et la côte californienne, qu'on a surnommé le « continent de plastique ». Il était

Le savez-vous ?

Le « continent de plastique » du Pacifique nord est grand comme six fois la France ! Et il n'est pas seul : on trouve d'énormes plaques similaires dans le Pacifique sud, l'Atlantique nord et sud, ainsi que dans l'océan Indien. Si les déchets s'agglomèrent sous forme de plaque, au lieu de se répandre uniformément, c'est en raison des gyres... ces courants circulaires déterminés par la force de Coriolis (cf. « Pourquoi les courants marins jouent-ils sur le temps qu'il fait ») !

temps ! 8 millions de tonnes de plastique sont déversées chaque année dans les océans. Les sacs, en particulier, piègent les dauphins et les oiseaux, ou encore les tortues qui les ingèrent car elles les confondent avec des méduses. Autre lueur d'espoir, une fois rapatriés à terre, ces déchets pourront être dévorés par les larves de la fausse teigne… En effet, on vient de découvrir que cet insecte est capable de digérer le polyéthylène, l'une des matières plastiques les plus résistantes à la biodégradation !

42.

Pourquoi les végétariens améliorent-ils le climat ?

Sur cette question, les scientifiques sont formels : l'élevage intensif d'animaux joue un rôle important dans le réchauffement climatique. À première vue, cette déclaration pourrait prêter à sourire ou au minimum soulever de nombreuses interrogations. Mais à regarder les chiffres de plus près, on ne s'étonne plus.

Sachez déjà que l'élevage intensif et l'agriculture sont responsables de 14,5 % de la production mondiale des gaz à effet de serre ! Dont 9,7 % pour les seuls bovins ! C'est même la source principale d'émissions de CO_2 sur la planète, devant celle du secteur des transports – trains, voitures, avions et autres véhicules à moteur. Ces chiffres sont fournis par la très sérieuse Organisation des Nations unies pour l'alimentation et l'agriculture.

Si le bétail représente 9,7 % des rejets de dioxyde de carbone, il est en revanche responsable de 50 % de l'émission mondiale de méthane et de protoxyde d'azote, deux gaz dont le potentiel de réchauffement serait respectivement de 25 et 300 fois supérieur à celui du CO_2. Ces gaz proviennent de l'usage d'engrais pour les cultures (N_2O) et… des pets des vaches après digestion (CH_4) !

Considérez encore ce qu'il faut d'eau pour « produire » un kilogramme de viande bovine : 15 500 litres d'eau par an pour irriguer le fourrage et les céréales que consomme ce bétail, 4 900 litres d'eau par an pour 1 kg de viande de porc, et 4 000 litres pour 1 kg de volaille... Les calculs vertigineux sont vite faits !

Devinette

À quoi correspondent les terres dévolues à l'élevage ? On a évalué la surface des terres occupées par ces animaux destinés à la boucherie à celle du continent africain ! Le retour des arbres et des végétaux sur ces terres aiderait à diminuer la teneur en CO_2 de l'atmosphère. Enfin, on a calculé que le volume total d'eau douce – ce qu'on appelle l'« empreinte eau » – utilisé par les Européens pourrait diminuer de 25 % à 38 % en supprimant ou en réduisant fortement la consommation de viande dans leur alimentation.

Mais l'élevage de la viande, sous toutes ses formes, ne se contente pas de consommer beaucoup d'eau. Il consomme aussi beaucoup d'espace, autant dire des terres qu'on déboise pour satisfaire la demande toujours croissante de viande dans le monde. Si elle ralentit dans les pays occidentaux – notamment en Europe et en France, où le nombre des végétariens a dépassé les 2 % –, la consommation des produits de boucherie explose dans le monde, et surtout en Chine et en Inde, soit au sein de populations qui représentent plus de la moitié de la population mondiale. En France, on consomme tout de même encore 89 kg de viande par an et par habitant... Eh oui ! Manger de la viande a toujours été un symbole de bonne santé, physique et économique.

Selon la FAO (Organisation des Nations unies pour l'agriculture et l'alimentation), 70 % des terres agricoles sont donc désormais destinées à produire de la viande. Mais, pour maximiser les profits et faire qu'un animal pèse aujourd'hui beaucoup plus qu'hier (en 1970, un cochon prêt pour l'abattoir pesait en moyenne 67 kg. Il en pèse 100 aujourd'hui), les bovins et les ovins ne sont plus laissés à brouter dans les champs – ce qu'on appelait de l'élevage extensif. Les vaches ne se contentent plus d'herbe. Elles sont désormais nourries avec du soja OGM, du blé, du maïs. Encore quelques chiffres ? Pour produire 1 kg de viande, il faut entre 7 et 12 kg de céréales. 70 % de la dramatique déforestation de la planète est due à la production de ces ressources céréalières, nécessaires à l'élevage. Et c'est le poumon de notre belle Terre, c'est-à-dire la forêt amazonienne, qui souffre le plus de cette disparition d'espèces végétales, indispensables à l'absorption du CO_2... C'est que le Brésil est à la tête du deuxième cheptel de bovins mondial, et que 91 % des terres récupérées sur la forêt amazonienne servent au pâturage ou à la culture de céréales pour les bovins. De quoi faire réfléchir !

Éclaircie

20 % des émissions de gaz à effet de serre dues aux activités humaines sont le fait de la dégradation des forêts, selon le WWF. Les grands bassins d'arbres, comme la forêt amazonienne ou les forêts africaines, sont des puits de carbone qui stockent le dioxyde de carbone, et, ainsi, rafraîchissent l'air. Les forêts emmagasinent entre 20 à 50 fois plus de CO_2 que n'importe quel autre écosystème, et les grandes forêts, par leur biomasse, doublent leur capacité d'absorption par rapport aux surfaces boisées plus modestes. La destruction de ces espaces, par déboisement ou incendie, libère le CO_2 en énormes quantités dans l'atmosphère. On en connaît les conséquences.

43.

Pourquoi a-t-on peur d'El Niño ?

Vous le savez peut-être, sous ce nom exotique se cache l'un des pires phénomènes climatiques de la planète, à l'origine d'inondations et de sécheresses spectaculaires dans de nombreux pays ! Son impact est dévastateur : vous avez sans doute vu les images des glissements de terrain qui ont suivi les pluies diluviennes tombées sur l'Amérique du Sud, des ouragans dantesques qui ont frappé la Polynésie française, ou encore de la terrible sécheresse qui a sinistré l'Amérique centrale, tout cela au cours de la seule année 2016. Eh bien, à l'origine de toutes ces calamités se trouve le fameux El Niño, qui n'est ni un ouragan, ni un typhon, mais... un simple courant océanique.

Cependant, à la différence des autres courants marins, bien installés et réguliers, celui-là est imprévisible et épisodique : d'une année sur l'autre, il peut ne pas se manifester. Voilà pourquoi on parle d'un « épisode El Niño ». Généralement, il se produit tous les quatre à sept ans, et sa durée peut varier de six à dix-huit mois. Mais les instituts de recherches travaillent à établir des modèles pour comprendre sa formation et prévoir son apparition.

Devinette

D'où vient le nom d'El Niño ? Il signifie « le petit garçon », c'est-à-dire l'Enfant Jésus ! Si on lui a donné ce nom, c'est parce que ce courant saisonnier touche les côtes du Pérou et de l'Équateur au moment de Noël. Les eaux chaudes, moins chargées en nutriments, font fuir les poissons et annoncent ainsi la fin de la saison de pêche. Avec un peu d'ironie, les pêcheurs de la région l'ont donc surnommé « l'Enfant Jésus », bien que le phénomène apporte tout sauf une pêche miraculeuse ! Chez les météorologistes et les océanographes, El Niño est désigné par l'acronyme ENSO, pour El Niño/Southern Oscillation.

Vous l'aurez compris, El Niño n'est donc pas à proprement parler un courant océanique, mais un phénomène climatique naturel. Il trouve son origine dans une perturbation du régime des alizés, ces vents au nom poétique qui circulent en général d'est en ouest dans le Pacifique sud, depuis les côtes du Chili ou du Pérou en direction de la Polynésie et de l'Océanie… Souvent, les alizés sont bien établis et entraînent avec eux les eaux chaudes à la surface de l'océan. Ils provoquent ainsi la remontée des eaux froides de profondeur le long des côtes du Pérou. D'ailleurs, si vous observez une carte de la température de l'eau dans le Pacifique, vous verrez une bande bien bleue – donc bien froide – le long de ce littoral : c'est le résultat du travail des alizés.

Mais sous l'effet d'une variation de la pression atmosphérique, il arrive que les alizés faiblissent. Dès lors, le courant naturel, qui sous la poussée du vent entraînait les eaux péruviennes vers l'ouest, se renverse ! Les eaux froides ne remontent plus des fonds marins, et les eaux chaudes de surface refluent en direction de l'est, apportant sur les côtes du Pérou et du Chili leur lot de nuages et de précipitations. Cette grande inversion de la circulation océanique, c'est El Niño. L'Amérique du Sud se retrouve alors accablée de déluges provoquant glissements de terrain, coulées de boue et crues ravageuses. À l'inverse, du côté ouest de l'océan Pacifique, le temps est inhabituellement sec : l'Indonésie et l'Australie sont privées d'eau et traversent des sécheresses dramatiques. Quant au phénomène de la mousson, si bénéfique à l'Asie du Sud-Est, il sera lui aussi perturbé par El Niño : ses pluies seront souvent retardées, voire considérablement diminuées. La météo aux États-Unis est modifiée également, avec des hivers doux dans le Nord, mais pluvieux dans la Sun Belt ! Des études ont par ailleurs démontré qu'au moment des épisodes « El Niño », les sécheresses s'aggravent au Sahel et la Polynésie française est victime d'un plus grand nombre de tempêtes tropicales… C'est donc une grande partie de la planète qui est touchée par son influence !

Si l'impact d'El Niño sur la météorologie mondiale est aussi global, c'est parce que le bassin de l'océan Pacifique est extrêmement étendu. Cette très vaste surface permet à la circulation atmosphérique de s'associer à la circulation océanique, ce qui n'est pas le cas dans l'Atlantique par exemple.

Éclaircie

La Niña (« la petite fille »), dont le nom s'inspire d'El Niño, est un autre épisode climatique qui touche l'océan Pacifique. Malgré leur consonance, les deux phénomènes ne semblent pas être liés. La Niña est due à la baisse anormale de la température des eaux du centre et de l'est du Pacifique. Elle naît du renforcement des alizés dans ces zones. Surtout, ses effets sont bien moins catastrophiques que ceux d'El Niño. Elle a même des influences bénéfiques, car elle contribue à la glaciation en Arctique, pour le plus grand bonheur de la banquise. Hélas, elle provoque aussi une relance de l'activité cyclonique dans l'Atlantique nord…

44.

Pourquoi les hivers de Paris sont-ils plus doux que ceux de Montréal, au Canada ?

La ville de Montréal, au Québec, se trouve à la même latitude que Paris. Pourtant, vous serez d'accord avec moi pour dire que les hivers québécois ne ressemblent guère à nos hivers parisiens… jusqu'à 40 cm de neige dans les rues, et une température qui peut chuter à – 25 °C ! Pourquoi sommes-nous privilégiés par rapport à nos amis québécois ? Vous serez sans doute tentés de répondre : grâce au Gulf Stream, ce courant dont on vante les mérites dans beaucoup de stations balnéaires, où il apporte des eaux tièdes. C'est donc lui qui nous permet de profiter des bains de mer sur les côtes atlantiques françaises, alors que bien plus au sud, les plages du Portugal offrent des baignades plus frisquettes… Mais si la responsabilité du Gulf Stream est absolument indéniable pour la température de nos eaux de baignade, l'est-elle tout autant pour la douceur de nos hivers ?

Le rôle du Gulf Stream a été mis en évidence au milieu du XIXe siècle par un lieutenant de Marine américain, Matthew Fontaine Maury. Ce fin observateur de l'océan avait procédé à une série de relevés de la température de l'eau de part et d'autre de l'Atlantique. Publié en 1855, son ouvrage fut un véritable best-seller. Jules Verne le lut avec enthousiasme, et il utilisa même les éléments de cette étude pour la rédaction de son fameux roman, *Vingt Mille Lieues sous les mers*... Pour le lieutenant Maury, cela ne fait aucun doute : le Gulf Stream est responsable de la douceur des hivers d'Europe occidentale, par rapport à ceux des villes d'Amérique du Nord situées aux mêmes latitudes.

Il faut dire que ce fameux courant est un phénomène remarquable ! En 1513, un navigateur espagnol, Juan Ponce de León, avait noté que ses navires dérivaient à cause d'un puissant courant d'eau chaude. Mais ce n'est que deux cent cinquante ans plus tard, en 1770, que ce courant fut étudié de près. Le célèbre inventeur du paratonnerre, Benjamin Franklin, était alors à la tête des Postes américaines. Il décide donc d'étudier la cartographie de ce courant pour améliorer la vitesse de distribution du courrier entre les futurs États-Unis d'Amérique et la vieille Angleterre... et sans doute aussi pour satisfaire son appétence scientifique ! Large de 30 à 150 km dès qu'il s'éloigne des côtes de la Floride, et d'une profondeur allant jusqu'à 1 200 mètres, le Gulf Stream file vers le nord, le long des côtes américaines, avant de bifurquer plein est vers le golfe de Gascogne. Il remonte ensuite le long des côtes françaises et frôle la Bretagne avant de mettre le cap sur l'Irlande. Enfin, il se divise en deux et fait route vers la Norvège et le Groenland. Et le courant est si marqué que, depuis un avion, on peut parfois observer son tracé à l'œil nu !

Devinette

D'où vient le nom du Gulf Stream (et non pas Golf Stream comme on l'entend trop souvent !), le « courant du golfe », en anglais ? Tout simplement du golfe du Mexique, cette zone de l'océan Atlantique où il prend naissance. Parfois, on le confond aussi avec la dérive nord-atlantique, dont il ne forme pourtant qu'une partie.

Aussi impressionnant soit-il, comment ce courant marin pourrait-il avoir une telle influence sur le climat ? À la suite du lieutenant Maury, on supposait qu'il devait transférer son énergie thermique aux vents d'ouest qui balayent nos côtes, surtout l'hiver. Dès lors, plutôt que de nous geler, ces vents froids se seraient chargés de la douceur des eaux, nous faisant profiter de températures supportables. Sans avoir été absolument prouvée, cette théorie fut néanmoins admise jusque dans les années 1990.

Mais, en 2000, coup de théâtre dans le monde scientifique ! Un certain Richard Seager, climatologue à l'université de Columbia, confirme une hypothèse envisagée depuis une dizaine d'années : le Gulf Stream ne serait pas le principal responsable de notre climat ! Ce n'est donc pas lui qui serait à l'origine de la différence de température entre Paris et Montréal. Le contraste serait davantage dû aux vents dominants, qui dépendent eux-mêmes d'une multitude de facteurs. Or, en Amérique du Nord, les vents dominants viennent du nord-ouest, tandis que les nôtres viennent du sud-ouest… En forçant un peu le trait, on pourrait dire que, l'hiver, nous recevons de l'air en provenance des Caraïbes, tandis que Montréal reçoit ceux du pôle Nord… Le rôle du Gulf Stream serait donc moindre que celui des vents dominants.

Cependant, aucune interprétation n'est définitive… En 2008, le Centre européen de prévisions météorologiques, ainsi que des chercheurs japonais ont redonné au Gulf Stream toutes ses lettres de noblesse, en montrant son influence prépondérante sur toute la troposphère, soit jusqu'à 15 km au-dessus de la mer. Pour cela, ils ont étudié ses effets grâce à des images satellitaires et à des relevés par capteurs… Résultat : il est incontestable que le Gulf Stream adoucit nos climats ! Mais son rôle est encore plus sensible en Norvège, dont le climat bénéficie de son flux d'eaux et de vents bien plus tièdes qu'aux alentours.

Éclaircie

Aux dernières nouvelles, selon des chercheurs de l'université de Washington, le Gulf Stream ralentirait ! Sans d'ailleurs en connaître la raison. Fonte des glaces du pôle Nord ? Augmentation de la salinité de l'Atlantique nord ? Dérèglement d'un autre courant marin, celui des Aiguilles, au sud de l'Afrique ? Les thèses s'opposent et se contredisent. Pour certains, ce (lent) ralentissement devrait nous apporter des hivers extrêmement rigoureux. Pour d'autres, au contraire, un réchauffement de toute l'Europe occidentale. La seule chose certaine, contrairement à ce que prétendent les amoureux des scénarios catastrophes, c'est que le Gulf Stream ne disparaîtra pas, car il est dû à cette bonne vieille force de Coriolis, liée à la rotation de la Terre… Et tant que la Terre tournera…

45.

Pourquoi l'activité solaire influencerait-elle notre climat ?

Autant vous le dire tout de suite : il s'agit d'une des questions les plus controversées dans le milieu scientifique en ce moment. Les phénomènes propres à l'activité solaire pourraient-ils avoir des effets sur notre planète, et tout particulièrement sur son réchauffement climatique ? La question est d'autant plus difficile que la découverte de ces phénomènes est très récente : on ne sait mesurer le rayonnement solaire avec précision que depuis vingt ans grâce aux sondes spatiales, de sorte que les mesures dont on dispose ne couvrent que les deux dernières décennies. Avant cette période, pas de comparaison possible, d'où une base de réflexion d'autant plus ténue !

Mais reprenons les bases, justement ! Vous le savez, le Soleil est la principale source d'énergie reçue par la Terre. Cependant, il faut faire une distinction entre l'énergie captée par la Terre et l'énergie produite par le Soleil. En effet, l'énergie qui parvient jusqu'à la surface du globe – ce qu'on appelle l'« insolation » – diffère selon le lieu et la saison, en raison notamment de l'incidence des rayons du Soleil. En revanche, le flux d'énergie produit par le Soleil lui-même – ce qu'on nomme l'« irradiance » – est relativement constant. Ses variations restent très faibles, de l'ordre de 0,1 % entre les minima et les maxima. En clair, alors que l'énergie qui nous parvient varie considérablement, l'énergie émise par notre étoile reste très stable.

Pourtant, il semblerait que le Soleil lui-même ne « rayonne » pas de façon parfaitement égale. En effet, les scientifiques qui étudient notre étoile ont observé à sa surface des « taches », qui sont à l'origine d'éruptions solaires. Ces éruptions fugaces – elles ne durent que quelques heures – projettent dans l'espace des champs magnétiques et des particules très énergétiques : ce sont les fameux « vents solaires », responsables des aurores boréales dont je vous ai déjà parlé (cf. « Pourquoi les aurores boréales et australes ne se forment-elles que près des pôles ? »).

Or, en 1937, le physicien Scott Forbush avait remarqué que les éruptions provenant des taches solaires atténuaient considérablement le flux des rayons qui bombardent la Terre. Sa découverte a été confirmée en 1960 par la sonde Pioneer 5 : on a alors démontré que le rayonnement cosmique pouvait diminuer de l'ordre de 20 % en cas de fortes éruptions. C'est ce qu'on appelle « l'effet Forbush » : lorsque l'activité solaire est intense et qu'elle se manifeste par un grand nombre de taches, la quantité de rayons cosmiques reçue par la Terre baisse fortement. À l'inverse, lorsque l'activité solaire est à son minimum, notre planète réceptionnerait un maximum de rayons cosmiques dans les couches de son atmosphère.

Jusque-là, les choses sont prouvées. C'est ensuite qu'elles se corsent… Des scientifiques ont affirmé que ces rayons cosmiques favorisaient la formation de cristaux de glace et de gouttelettes d'eau, et donc de nuages d'altitude. Or, ces nuages atténuent le rayonnement solaire à la surface de la Terre en le réfléchissant vers l'espace. Ainsi, plus le rayonnement solaire est fort, plus les nuages sont nombreux, et moins l'énergie parviendrait jusqu'à la surface de notre planète. Un fort rayonnement solaire entraînerait le refroidissement de notre planète ! Et nous venons de voir que le rayonnement solaire augmente à mesure que l'activité solaire (les taches et les éruptions) diminue…

Il se trouve qu'aujourd'hui l'activité solaire diminue considérablement, plus rapidement qu'à aucun autre moment depuis 9 300 ans ! Le rayonnement serait donc en train d'augmenter dans les mêmes proportions… Si l'on en croit l'interprétation précédente, nous aurions donc droit à plus de nuages et donc bien moins de chaleur ! C'est le raisonnement à partir duquel certains scientifiques ont annoncé que loin de subir un réchauffement climatique, nous serions en train d'entrer dans… une nouvelle ère glaciaire !

Mais cette théorie (l'interprétation selon laquelle une augmentation du rayonnement solaire pourrait produire plus de nuages et entraîner un refroidissement) a été aussitôt démentie et contredite… Quoi qu'il en soit, vous comprendrez sans peine qu'il est très difficile de conclure définitivement sur ces questions. Toutefois, la majorité des scientifiques sont d'accord pour nier toute incidence notable de l'activité solaire sur notre climat en général, et sur le réchauffement climatique en particulier.

Éclaircie

Le premier astronome à avoir tenté d'établir un lien entre l'activité solaire et le climat terrestre fut le Britannique William Herschel (1738-1822). Brillant compositeur à ses heures, ce scientifique conçoit, en 1801, un tableau d'équivalence entre le nombre de taches apparaissant à la surface du Soleil et les cours du blé l'année suivante. Or, leur relation était inversement proportionnelle. Plus les taches étaient nombreuses, moins le blé se vendait cher, car les récoltes avaient été abondantes… Hélas, ses observations empiriques n'ont jamais été jugées très concluantes !

46.

Pourquoi la forêt amazonienne dépend-elle du Sahara ?

Surprenant, n'est-ce pas ? Et pourtant, même si l'océan Atlantique sépare la plus grande forêt tropicale du plus grand désert du monde et même s'ils sont distants de plus de 4 800 km, la forêt amazonienne ne pourrait pas vivre sans ce désert.

Sans la poussière du Sahara, impossible pour cette terre, riche de seize mille espèces d'arbres, de se réapprovisionner suffisamment en éléments nutritifs. Les arbres épuiseraient le sol si le vent – encore et toujours lui ! – ne faisait pas son office et ne transportait pas le sable d'une rive à l'autre. Ce vent a un nom : c'est l'alizé. Il souffle régulièrement entre la côte africaine, l'Amazonie et le nord de l'Amérique du Sud, et s'empare des particules soulevées par les orages équatoriaux, fréquents en Afrique de l'Ouest. Les vents d'alizé transportent ensuite d'est en ouest ces particules et leur font traverser l'Atlantique pour arriver en Amérique du Sud. Ces poussières représentent pour l'Amazonie un incroyable apport de 8 500 à 30 000 tonnes de phosphore chaque année, et quand on sait que la planète respire grâce à ce poumon vert, on ne peut que se féliciter de l'existence de ce désert. En effet, d'après les scientifiques, cette jungle ne serait rien de plus qu'un désert aride sans les nutriments et les minéraux du Sahara.

Ces transports de sables et de poussières, du sud vers le nord, sont ceux qui déposent parfois du sable du Sahara sur la carrosserie de votre voiture. Durant l'hiver 2016-2017, ce fut au tour des skieurs des Pyrénées de voir leurs pistes de ski couvertes de ce sable bien jaune.

Devinette

Comment, en météorologie, appelle-t-on ces particules transportées par le vent ? On les appelle les lithométéores. Ce nom vient du grec *lithos* qui signifie « pierre », et du latin *meteora* qui signifie « élevé dans les airs ». Les lithométéores les plus courants dans l'atmosphère sont le sable et les poussières, mais aussi le sel et tout ce que crachent les volcans pendant leur éruption.

Le sable et les poussières sont donc soulevés et transportés par des vents puissants qui sont dus à des orages violents. Dans ces régions désertiques, l'air est si sec que la pluie s'évapore avant de toucher le sol. Mais les vents violents qui l'accompagnent restent bien présents et emportent avec eux tous les éléments minéraux que leur aridité et leur désagrégation ont rendus légers, et qui se laissent ainsi arracher au sol. On voit alors des murs de sable se constituer et enfler, parfois sur un front d'une centaine de kilomètres, avec une hauteur dépassant souvent celle d'un immeuble d'une vingtaine d'étages. Ces tempêtes ont notamment lieu quand le Sahara se trouve pris entre un anticyclone à l'ouest et une dépression sur le golfe Persique, créant un front froid. Les sables sont alors transportés par les vents qui balayent traditionnellement le nord de l'Afrique, comme le sirocco, l'harmattan ou le simoun.

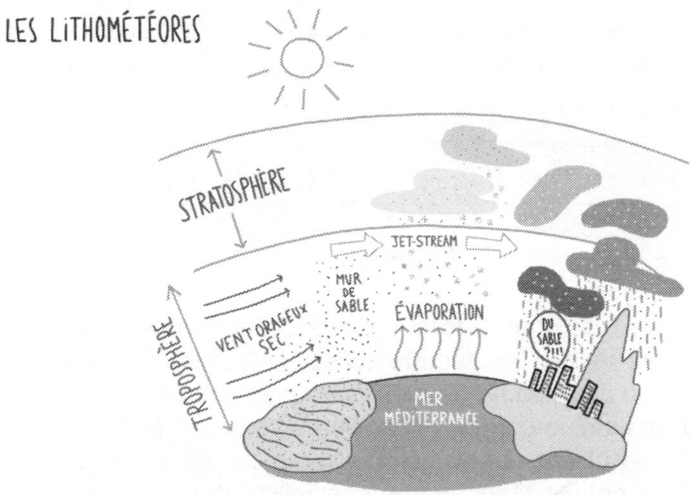

Lorsqu'ils parviennent au-dessus de la Méditerranée ou de l'océan Atlantique, les lithométéores sont pris dans les courants ascendants que provoque l'évaporation de l'eau sous l'effet du rayonnement solaire. Parvenus dans la stratosphère, ils sont transportés par les jet-streams et servent de noyaux de condensation à la vapeur d'eau. Quand les nuages crèvent, quelquefois à des milliers de kilomètres de leur lieu d'origine, sable et poussières tombent avec les précipitations. C'est ainsi que vous retrouvez, certains matins ou après la pluie, vos voitures couvertes d'une fine couche de sable, de poussières ou de boue.

Le Sahara n'est pas le seul désert à provoquer ces tempêtes de sable, et leur transport à des milliers de kilomètres. Elles affectent aussi l'Asie centrale. La Corée et la Chine sont frappées par des tempêtes de sable en provenance du désert de Gobi, en Mongolie. Elles ont hélas été intensifiées par l'action de l'homme sur le paysage. Le déboisement, la surexploitation des ressources en eaux et les labours trop profonds ont créé des zones très arides, notamment dans les grandes plaines de Mongolie, particulièrement exposées aux vents tempétueux qui, chargés de sable et de poussières, se déplacent sur des milliers de kilomètres. Ces tempêtes de sable sont fréquentes au printemps. On leur a donné un joli nom : le *hwang-sa !*

Éclaircie

Il n'y a pas que pour la forêt amazonienne que ces sables transportés depuis les déserts sont bénéfiques ! Selon une équipe sino-américaine de météorologues spécialisés dans la modélisation, lorsque les poussières venues du désert de Gobi s'amenuisent, la pollution hivernale chinoise augmente de 13 %. Béatrice Marticorena, spécialiste des aérosols au Laboratoire interuniversitaire des sciences atmosphériques à Créteil, explique cet effet qui peut sembler paradoxal : « Les poussières ont tendance à renvoyer le rayonnement solaire par effet miroir. Si elles diminuent, le sol reçoit plus de rayonnement et se réchauffe. L'écart thermique entre le continent et l'océan diminue, ce qui affaiblit le vent : la pollution d'origine humaine stagne donc et empire. »

47.

Pourquoi y a-t-il des turbulences en l'air ?

Si vous voyagez régulièrement par les airs, vous redoutez peut-être ce moment où l'hôtesse vous demande de regagner votre siège et d'attacher votre ceinture, car l'avion s'apprête à traverser une « zone de turbulences ». Et on a beau vous répéter que ces secousses, stressantes psychologiquement et inconfortables physiquement, sont sans danger pour les avions, vous ne respirez que lorsque l'appareil cesse de se comporter comme un de ces ballons de baudruche au stand de tir ! Mais alors, à quoi sont dues ces fameuses turbulences, que certains qualifient aussi de « trous d'air » ?

En réalité, les turbulences se produisent lorsque l'avion traverse des courants atmosphériques de directions ou d'intensités différentes, qu'on pourrait comparer à des rafales de vent. Mais toutes les turbulences n'ont pas la même origine. C'est pourquoi elles ont été classées en trois catégories : turbulences thermiques (ou convectives), turbulences mécaniques, et turbulences de cisaillement, dites aussi turbulences « en air clair ».

Les turbulences thermiques se rencontrent lorsque votre avion traverse des couches nuageuses. Vous savez maintenant que certains nuages se forment grâce à la montée en altitude de masses d'air chaud qui, dans leur mouvement, provoquent des courants descendants d'air plus froid (cf. « Pourquoi les nuages ont-ils des formes variées ? »). Ce phénomène de convection se rencontre en particulier dans les cumulus et les cumulonimbus, dont le cœur est agité par des courants d'air qui peuvent être violents. C'est pourquoi les pilotes évitent de traverser ces nuages. Lorsqu'ils sont contraints de le faire, soit pour atteindre leur altitude de croisière, soit pour préparer leur atterrissage, l'avion subit ces courants ascendants et descendants, et sa stabilité s'en trouve affectée.

Devinette

Quelle est la variation d'altitude maximale de l'avion pendant une turbulence ? Quand ils sortent d'un vol particulièrement agité, la plupart des passagers évoquent des « trous d'air » énormes, provoquant des sensations de chutes considérables. Et si vous leur demandez de quelle hauteur leur avion semblait « tomber » pendant les turbulences, beaucoup d'entre eux vous diront 100 mètres ou 150 mètres ! En réalité, lors d'une turbulence importante, l'altitude de l'avion varie au maximum d'une trentaine de mètres. Enfin, sachez que l'expression « trou d'air » est une image. Il n'existe pas de vide dans le ciel, mais seulement des baisses de pression et des courants ascendants ou descendants, que l'avion traverse.

Les turbulences dites « mécaniques » ont une autre origine. D'ailleurs, si on les appelle ainsi, c'est précisément parce qu'elles sont provoquées de façon tout à fait mécanique, ou automatique si vous préférez, par le relief qui existe au sol. Ainsi, elles pourront se produire lorsque l'avion vole, à une altitude modérée, à la verticale de massifs montagneux tourmentés, ou même de certaines grandes villes possédant de nombreux gratte-ciel ! Les mouvements d'air que suscitent ces obstacles sont appelés « ondes de relief », ou encore « turbulences ondulatoires ». Pour comprendre leur fonctionnement, observez le courant d'un ruisseau. En temps normal, il est continu et droit. Mais dès qu'il se heurte à un petit rocher ou à une série de grosses pierres, l'eau se soulève ou se met à onduler, et de petits tourbillons peuvent se former en aval de l'obstacle. Il se produit la même chose dans le ciel : lorsque le vent dominant rencontre une montagne, les masses d'air sont perturbées de l'autre côté du relief. Elles commencent par descendre le long du flanc de la montagne, mais subissent alors la « poussée d'Archimède », elles remontent donc en altitude, puis redescendent... Il se produit des oscillations verticales, semblables à celles d'un poids qui serait retenu dans sa chute par un ressort : le poids tombe, puis remonte, puis retombe... jusqu'à ce que le mouvement se calme. C'est pourquoi les avions de ligne évitent de voler à proximité des massifs montagneux qui peuvent produire ce genre de phénomène. Mais les turbulences mécaniques ne sont pas perdues pour tout le monde ! Elles font le régal des pilotes de planeurs, qui ne subissent d'ailleurs aucune turbulence, car ils épousent le flux de ces courants ascendants et descendants !

Voyons enfin le cas des « turbulences en ciel clair », que les pilotes nomment CAT, abréviation du terme anglais *clear-air turbulence*. À la différence des turbulences thermiques, qui se produisent dans un nuage, et des turbulences mécaniques, qui ne se produisent qu'à des altitudes modérées, les CAT surviennent dans une atmosphère parfaitement dégagée, alors que l'avion vole à son altitude de croisière. C'est pourquoi le pilote ne vous prévient pas de l'imminence des secousses, qui le surprennent autant que vous ! Toutefois, on peut s'attendre à traverser ce genre de turbulences lorsque l'avion emprunte un « jet-stream », un de ces courants aériens de haute altitude. En effet, comme les jet-streams soufflent généralement d'ouest en est à une vitesse d'environ 300 km/h, les pilotes utilisent fréquemment ces courants pour se « faire pousser », ou plutôt se faire aspirer, et ainsi économiser du carburant et du temps de vol. Mais lorsque ces tunnels de vent traversent une atmosphère plus calme, le frottement provoque un effet de cisaillement. De sorte que si l'avion s'écarte un peu du centre du jet-stream et s'approche de la zone de frottement, il subira ce cisaillement et sera agité de turbulences.

Toutes ces turbulences, si elles sont extrêmement inconfortables pour les passagers, sont sans aucun danger pour les aéronefs, conçus pour leur résister. Les plus fortes peuvent néanmoins faire des blessés, lorsque des bagages tombent des racks mal fermés, ou que des passagers n'ayant pas bouclé leur ceinture se retrouvent projetés... C'est donc sur vous, et non sur le pilote ou sur l'avion, que repose votre propre sécurité !

Le savez-vous ?

Il existe des turbulences provoquées par les avions eux-mêmes, les turbulences de sillage. Ces mouvements aérodynamiques en vortex se forment derrière les avions. Ils créent des tourbillons très importants, capables de déstabiliser les appareils qui suivent de trop près. C'est pourquoi, dans les aéroports, les avions attendent un certain temps avant de décoller ou d'atterrir après un autre appareil. Le temps d'attente dépend de la grandeur de l'avion, qui détermine l'importance de son sillage. Ainsi, vous attendrez plus longtemps après le décollage d'un Boeing 747 qu'après celui d'un Airbus A320. Et si vous vous impatientez, souvenez-vous du vol 587 d'American Airlines, à New York, en 2001, qui s'était écrasé pour n'avoir pas attendu le temps nécessaire avant son décollage...

48.

Pourquoi certaines tempêtes s'appellent-elles des grains blancs ?

Vous avez peut-être vu le film *Lame de fond* de Ridley Scott, sorti en 1996 : il raconte l'effrayante tempête qui a frappé le voilier *Albatros* le 2 mai 1961, au large de la Floride. Cette goélette-école, dont le capitaine, Christopher Sheldon, était un marin aguerri, sombra en quelques minutes. Six des dix-neuf membres d'équipage trouvèrent la mort, emportés dans les abysses. Et pourtant, quelques minutes après l'effrayant déchaînement des éléments qui engloutit le bateau, la mer était de nouveau parfaitement calme et lisse, le ciel dégagé. Seule trace de la tragédie : quelques débris du mât, des voiles et de la coque flottaient sur l'eau.

Le témoignage des survivants a permis aux météorologues d'identifier le cataclysme dont ils ont été victimes : cela ne fait aucun doute, c'était un grain blanc. La meilleure preuve réside dans le fait que rien n'avait permis aux marins de prévoir ce déferlement de violence. Pourtant, tous avaient déjà connu et survécu à des tempêtes brutales, ce qu'on appelle des « grains » dans le milieu maritime. Mais ces grains, on peut les voir venir, se préparer à les traverser ou tenter de les éviter…

Ce n'est pas le cas du grain blanc, sans doute le phénomène météorologique le plus soudain et le plus imprévisible qui soit. Les marins n'ont aucun moyen de s'en protéger, car cette étrange tempête éclate sans aucun signe annonciateur. Ni pluie ni vent, et même, le ciel reste bleu ! Le seul élément qui pourrait nous avertir est un nuage, mais pas même un sombre nuage d'orage : un nuage bien blanc, en formation et en ascension rapide… d'où le nom de grain blanc. On peut déceler aussi, sur les flots, quelques « moutons » d'écume à la verticale de ce nuage, mais rien qui puisse alarmer à première vue. Et c'est bien ce qui fait tout le danger : le grain apparaît très brusquement et se révèle d'une violence extrême, puisque les rafales peuvent dépasser 200 km/h !

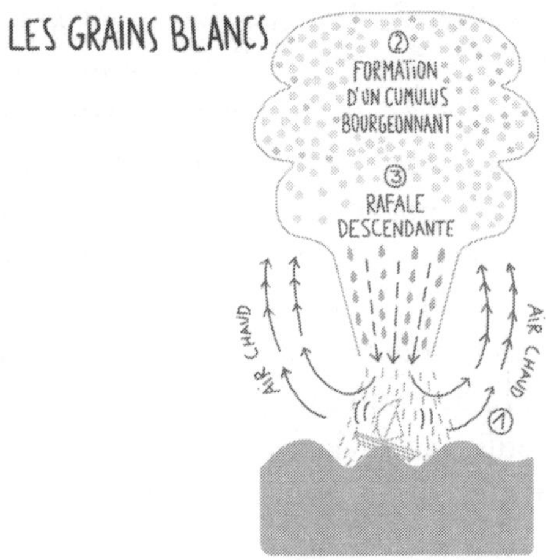

Mais alors, si rien ne l'annonce, comment peut se former ce monstre climatique ? Des conditions bien particulières lui sont nécessaires : un air très chaud et humide en surface, et un air froid et sec et altitude… c'est-à-dire tout ce que peut offrir une mer tropicale au mois de mai, lorsque les jet-streams apportent encore, au-dessus des eaux chaudes de l'océan, un air glacial tout droit venu du pôle. Il suffit alors, parfois à cause d'un courant plus chaud, que la température juste au-dessus de la mer augmente encore de quelques degrés… Cet air chaud est alors poussé vers l'air froid en altitude, où il forme, par condensation, un cumulus bourgeonnant ou un cumulonimbus. Mais il arrive très souvent que l'ascension soit si rapide qu'on ne voie qu'une sorte d'écharpe de brume blanche !

Rien d'extraordinaire jusque-là, me direz-vous : hormis le fait qu'il peut rester peu visible, c'est là le portrait d'un orage habituel. Mais dans le cas d'un grain blanc, circonscrit à une zone étroite, l'instabilité du nuage et de son courant ascendant est extrême. La condensation est si rapide que, brusquement, le cœur de pluie ne peut plus être soutenu par le mouvement ascendant. Il s'écroule alors d'un seul coup ! C'est ce qu'on appelle une rafale descendante : un effondrement des couches supérieures de l'atmosphère, une véritable avalanche d'air qui provoque des turbulences et des vents aussi forts que ceux d'un ouragan. En clair, tout se passe comme si les marins se retrouvaient projetés, en quelques secondes, en plein cœur d'un cyclone ! Au bout de quelques minutes seulement, le calme et le beau temps reviennent alors, aussi soudainement qu'ils avaient disparu.

Enfin, s'ils ont la violence des ouragans, les grains blancs n'en ont ni la durée ni l'étendue : leur envergure atteint à peine quelques kilomètres. Dernière particularité des grains blancs : ils peuvent ne pas produire de pluie. Comment est-ce possible, alors que c'est le poids même de la pluie qui provoque cet écroulement soudain de l'air ? Simplement parce que, si la masse d'air sous le nuage est suffisamment sèche, le vent est tel que la pluie s'évapore avant de toucher la surface des flots !

49.

Pourquoi la lune rousse a-t-elle la réputation de griller les semences ?

Tous les agriculteurs connaissent encore ce dicton : « La lune rousse sur la semence / Toujours aura mauvaise influence. » Par cet adage, on préconise donc de ne pas mettre en terre les semences avant que la lune rousse soit passée, car sa lumière aurait le pouvoir de roussir et de tuer les jeunes pousses…

En réalité, ce n'est pas le rayonnement de cette lune si particulière qui est responsable du roussissement des plantes… Pour comprendre, il faut d'abord que vous sachiez ce qu'est cette fameuse lune rousse, stigmatisée par le dicton. Il s'agit de la première pleine lune après le dimanche de Pâques, qu'on voit effectivement surgir à l'horizon comme une énorme balle orange. Or, la date de Pâques varie selon les années, parce qu'elle est établie sur le calendrier lunaire. La lune rousse peut donc apparaître entre le 22 mars et le 27 avril. Autant dire en des périodes où l'hiver n'a pas tout à fait terminé ses offensives.

Pourquoi cette lune est-elle rousse ? Parce qu'elle est sujette à… une éclipse totale ! En effet, la Lune est alors parfaitement alignée avec la Terre et le Soleil, de sorte qu'elle est plongée dans le cône d'ombre de la Terre. La Lune ne reflète donc plus la lumière directe du Soleil, qui lui donne habituellement ce ton blanc et brillant comme la cire

LA LUNE ROUSSE

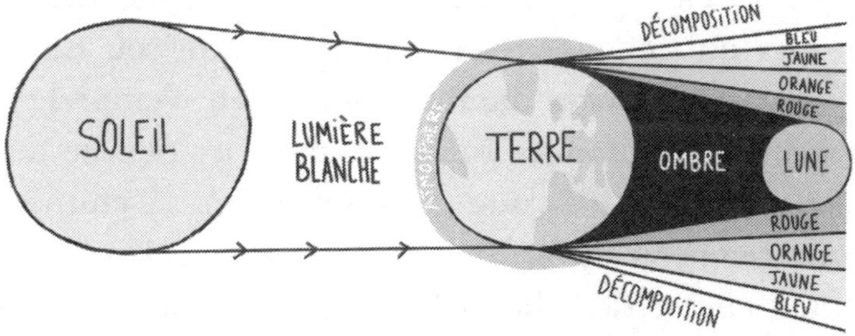

d'une bougie. Seule lui parvient la lumière solaire qui a rasé l'atmosphère terrestre. Le passage à travers l'atmosphère a fragmenté la lumière, ne laissant passer que certains rayons, correspondant à certaines couleurs. Ces rayons, vous les observez déjà lors des couchers de Soleil : ils embrasent l'atmosphère dans des teintes roses et pourpres. C'est donc cette lumière diffractée qui donne à la Lune cette couleur rouge orangé, si spectaculaire. Or, ce phénomène d'éclipse totale, responsable de cette couleur, n'a lieu en général qu'une fois par an. Et s'il a lieu après Pâques, on lui prête cet effet étrange : roussir les semences.

Devinette

Combien y a-t-il de lunaisons par an ? On en compte en général douze. Mais comme le cycle lunaire est de vingt-neuf jours, il arrive qu'il y ait treize pleines lunes dans la même année. Là encore, la tradition prête des effets étranges à ces années à treize lunes… Il faut dire qu'en France, la terrible sécheresse de 1976 et la tempête de 1999 se sont toutes les deux produites durant une année à treize lunes… mais ce n'est que pure coïncidence !

Mais, me direz-vous, si la Lune n'est pas coupable, à quoi est dû le roussissement des jeunes plants qui semblent grillés ? Eh bien tout simplement au gel ! Si vous voyez la Lune, c'est que le ciel est parfaitement dégagé, donc dépourvu des nuages qui retiennent la chaleur près du sol. En effet, s'il n'y a pas de nuages durant la nuit, rien n'empêche l'air froid d'altitude de fondre sur les champs, et rien ne retient près d'eux la chaleur solaire accumulée dans la journée. La chute de température peut donc être spectaculaire, jusqu'à provoquer encore de belles gelées à cette époque de l'année. Et les semences en pâtiront… Voilà pourquoi les anciens, quand ils voyaient une lune rousse au moment du printemps, étaient persuadés que c'était son rayonnement qui grillait leurs jeunes plantations.

Le savez-vous ?

Contrairement aux croyances populaires, la Lune n'a pas d'effet sur le temps qu'il fait ou qu'il va faire. Elle ne provoque ni dépressions, ni anticyclones, et n'est responsable que des marées. Mais il ne faut pas sous-estimer son rôle sur notre climat ! En effet, l'astronome Jacques Laskar a démontré qu'il y a des centaines de millions d'années, la Lune n'avait pas encore tout à fait stabilisé l'axe de rotation de la Terre. Avant qu'elle n'y parvienne, notre planète était donc soumise à des oscillations très importantes, dues à l'influence des effets gravitationnels du Soleil et des autres planètes. Son climat était l'objet de variations spectaculaires, avec une succession de périodes glaciaires. La prochaine fois que votre potager pâtit d'une gelée au moment de la lune rousse, inutile donc de blâmer notre bon vieux satellite : rappelez-vous que, sans lui, nous pourrions être encore entourés de glaciers !

50.

Pourquoi le bocage améliore-t-il le climat ?

Si je vous dis bocage, à quoi pensez-vous ? Je suis sûr que vous viennent en tête des images des arbres et des arbustes qui quadrillent le paysage, tout un panorama bucolique et verdoyant, émaillé de champs bordés de haies vives où broutent, paisibles, des vaches à la robe noire et blanche. Sachez que ces fameux bocages ont un effet bénéfique sur le climat.

Ce paysage s'est, hélas, raréfié sur notre territoire depuis les années 1960 – et nous sommes nombreux à nous en souvenir –, lorsque les pouvoirs publics ont lancé un vaste plan de modernisation de l'agriculture française. Il incitait les paysans à détruire ce bocage pour remembrer les exploitations et maximiser leur rendement. C'est ainsi que quelque deux millions de kilomètres de haies ont été tout bonnement arrachés. On n'a pas mis longtemps à voir les effets désastreux engendrés : les sols ont souffert d'érosion et de régression. Le ruissellement des pluies et les inondations hivernales ont littéralement lessivé les terres : la matière organique et l'humus qu'apportait la végétation des haies se sont échappés car n'étant plus retenus par les racines du bocage. Privée de ces apports, la terre a exigé de plus en plus d'engrais.

Il a fallu un certain temps pour qu'on s'aperçoive de la raréfaction de certaines espèces animales et végétales, et des dangers que l'arrachage massif des haies vives, constituées d'arbustes du pays adaptées au climat, avait fait courir à la biodiversité.

Aujourd'hui, à la demande des pouvoirs publics, de nombreuses associations aident les exploitants agricoles à replanter ces haies et à recomposer ces bocages. Cette politique a des visées agronomiques : les haies d'arbustes ont un effet brise-vent, et si elles protègent les troupeaux des tempêtes, elles permettent aussi la conservation et la richesse des sols. En effet, la formation d'humus et la chute des feuilles provoquent, et cela sans avoir un recours massif aux engrais, un apport en éléments dont la nature a besoin

Par ailleurs, on s'est rendu compte à quel point ces haies abritaient nombre d'insectes pollinisateurs, ainsi que la faune auxiliaire des cultures. Qu'est-ce que cette faune auxiliaire ? Ce sont tout simplement les êtres vivants qui détruisent les ravageurs de cultures : certains insectes comme les coccinelles, certains oiseaux, des chauves-souris, mais aussi certains parasites comme les bactéries ou les champignons qui s'attaquent aux nuisibles. Leur présence permet de limiter grandement, voire d'éviter totalement le recours aux pesticides. Mais pour se développer et agir pleinement, ils ont besoin du bocage et de ses haies.

Enfin, et me voilà au cœur de ce « pourquoi », le bocage joue un rôle essentiel et subtil sur le climat en étant un « météo-régulateur ». C'est-à-dire que les haies influent, à leur échelle bien sûr, sur le climat général de leur région, ainsi que sur toute la végétation qui les entoure – ce qu'on appelle en termes scientifiques un biome ou macro-écosystème – en assurant une régulation climatique. Grâce à l'ombre qu'elles produisent, elles atténuent la chaleur, et maintiennent plus longtemps la présence de la rosée. En hiver, elles protègent très efficacement les plantations, mais aussi les animaux et les maisons des effets du vent. Leur vertu « brise-vent » limite l'envolée des particules fines responsables des « brumes sèches » auxquelles j'ai consacré un chapitre dans ce livre, tant elles jouent un rôle important sur les perturbations climatiques. Enfin, durant les demi-saisons, les haies exercent un pouvoir modérateur sur les températures. En effet, elles captent la chaleur du rayonnement solaire pour la restituer lentement, atténuant ainsi les variations de température.

En ces temps où le réchauffement climatique préoccupe les météorologues, les haies présentent un autre avantage notable sur le climat. Elles sont un élément non négligeable de ces fameux « puits de carbone », sur lesquels les scientifiques se penchent de plus en plus pour étudier ce qu'on appelle le cycle du carbone. Pour bien saisir cet enjeu, il faut savoir que l'écosystème des forêts, c'est-à-dire non seulement les arbres mais leurs échanges avec le sol, constitue, après le plancton océanique, le principal capteur de carbone naturel de la planète. Ces puits de carbone sont indispensables au bon déroulement du cycle du carbone, afin que les équilibres vitaux de notre planète soient préservés. Vous ne l'ignorez pas : sans carbone, il n'y aurait pas de vie sur Terre. C'est l'émission de ce gaz dû aux éruptions volcaniques qui a permis à la glace qui recouvrait entièrement la Terre de fondre et à la température de se stabiliser à 15 °C en moyenne, autorisant la vie à se développer dans le large éventail de sa diversité. Mais s'il y a trop d'émissions de carbone dans l'atmosphère, l'effet de serre s'accroît : la température risque alors de trop s'élever, modifiant les grands équilibres atmosphériques et géologiques. Difficile de prévoir les conditions de vie qu'auraient alors à supporter les différentes espèces vivantes…

Parmi les éléments capables de piéger ce carbone, il y a donc les arbres et les forêts, ainsi que les tourbières et certains sols. C'est que la photosynthèse des végétaux constitués de chlorophylle, comme nos arbres ou notre herbe, leur permet d'accumuler énormément de carbone dans leur masse organique. Ainsi, lorsque nous nous trouvons dans un écosystème équilibré, l'oxygène produit par les végétaux compense le dioxyde de carbone que la respiration des êtres vivants et la fermentation de certains végétaux dégagent. Ces échanges de carbone entre l'atmosphère et la biosphère, comme entre l'atmosphère et les océans, correspondent à des processus chimiques et géologiques extrêmement complexes dont les scientifiques continuent de débattre aujourd'hui. Pourtant, la FAO, cette organisation onusienne qui s'intéresse à l'agriculture mondiale

Devinette

Savez-vous quel effet modérateur peut avoir une haie sur la température ? Il peut être de 5 °C dans un sens comme dans l'autre ! 5 °C moins froid l'hiver, et 5 °C moins chaud l'été. Bien sûr, tout dépend de la nature de la haie. Cette modération sera d'autant plus importante si la haie est dense, haute, et composée d'espèces variées. Elle a pour avantage de ralentir fortement le vent tout en le laissant passer, alors que les haies composées par exemple de conifères plantés densément ne laissent plus passer le vent et ont un faible indice de modération. C'est ainsi que les haies de troènes, de cyprès et de thuyas, comme on peut en voir dans les banlieues ou les zones pavillonnaires, créent, en interdisant le passage du vent, de fortes turbulences et augmentent le ressenti du froid.

et aux réserves alimentaires, a estimé que l'expansion des plantations d'arbres pourrait compenser 15 % des émissions de carbone des combustibles fossiles, c'est-à-dire ce que nous brûlons en charbon et en pétrole par exemple…

Vous comprenez maintenant pourquoi, outre leur action sur le microclimat de leur environnement, les bocages peuvent jouer un rôle tellement bénéfique sur le climat, et à une échelle planétaire ! Rien de moins !

51.

Pourquoi parle-t-on de tempêtes d'équinoxe ?

Vous entendez parler régulièrement de ces fameuses tempêtes d'équinoxe, qui frappent les côtes françaises avec une violence exceptionnelle, et qui font le bonheur des curieux venus photographier les vagues qui se fracassent sur la jetée des ports. En réalité, les équinoxes ne sont pour rien dans la formation de ces tempêtes. Ils vont simplement en augmenter les conséquences, par l'influence qu'ils exercent sur les marées !

Mais revenons dans un premier temps sur leur phénomène. Comme vous le savez, il n'y a que deux journées dans l'année où la nuit et le jour ont exactement la même durée. D'où le nom d'équinoxe, qui vient du latin *nox, noctis*, la nuit, et signifie donc littéralement « la nuit égale ». Ces phénomènes correspondent au moment des changements de saisons : l'équinoxe d'automne a lieu le 22 ou le 23 septembre ; l'équinoxe de printemps, le 20 ou le 21 mars. Et n'allez pas penser que la date des équinoxes n'est valable que pour notre seul pays ! Non, cette égalité entre le jour et la nuit s'étend alors à l'ensemble du globe terrestre, d'un pôle à l'autre ! Car, à ce moment précis, le Soleil se trouve exactement à la verticale de l'équateur. Ses rayons se répartissent donc de la même façon sur les deux hémisphères.

Devinette

Comment s'appellent les moments de l'année où, au contraire des équinoxes, la différence de durée entre le jour et la nuit est la plus grande ? Il s'agit des solstices ! Les rayons du Soleil touchent alors la Terre avec leur angle le plus incliné. Le solstice d'été a lieu le 20 ou le 21 juin : c'est alors le jour le plus long de l'année, puisque, en France, le Soleil nous illumine durant un peu plus de seize heures et dix minutes. Lors du solstice d'hiver, le 22 ou le 23 décembre, c'est l'inverse, nous sommes plongés dans le noir durant quinze heures et quarante-cinq minutes !

Mais, me direz-vous, quel rapport entre la position du Soleil et les marées d'équinoxe ? C'est la Lune qui est responsable des marées ! Je vous répondrai que, plus précisément, c'est une combinaison des forces exercées par la Lune et le Soleil qui est à l'origine des marées. Or, la force exercée par ces deux astres sur les océans n'est jamais aussi forte qu'à l'époque des équinoxes ! Comme le Soleil est à la verticale de l'équateur, il est quasiment aligné sur le plan orbital de la Lune. La force combinée de notre étoile et de notre satellite agit donc plus que jamais sur les océans : la masse d'eau est « soulevée » encore plus qu'à l'habitude, ce qui provoque de très grandes marées. Ainsi, la mer monte beaucoup plus haut sur les plages qu'elle ne le fait habituellement ; elle descend aussi beaucoup plus bas et beaucoup plus loin.

L'autre événement qui provoque une grande marée, c'est la « syzygie » : ce moment où la Lune, la Terre et le Soleil se retrouvent quasiment dans le même axe, et qui a lieu à chaque pleine lune ou nouvelle lune, c'est-à-dire environ toutes les deux semaines. Généralement, c'est au moment de la syzygie la plus proche de l'équinoxe que se produisent les plus grandes marées de l'année. Et vous le devinez, lorsque les deux phénomènes coïncident, c'est-à-dire lorsque la syzygie se produit le même jour que l'équinoxe, les marées sont absolument exceptionnelles. Cela se produit tous les quatre ans et demi environ : le coefficient des marées peut alors dépasser 115 !

Vous savez désormais pourquoi les marées les plus fortes ont lieu au moment de l'équinoxe. Mais alors pourquoi parle-t-on parfois de « tempêtes » d'équinoxe ? Tout simplement parce qu'il arrive que ces grandes marées coïncident avec un épisode de tempête. Ce phénomène va avoir tendance à augmenter l'ampleur de la marée : on parle alors de « surcote » météorologique. Pourquoi cette amplification ? C'est facile à comprendre. D'une part, le vent qui souffle violemment favorise la formation de vagues de plus en plus hautes. Mais surtout, c'est la pression atmosphérique qui est en cause. En effet, partout sur notre planète, le poids de l'atmosphère exerce une pression sur la surface de l'océan et influence donc le niveau de la mer. Or, si le vent souffle en tempête, c'est parce qu'il s'est formé une forte dépression. Lorsqu'elle se trouve au-dessus de l'océan, cette dépression va avoir tendance à « aspirer » vers elle la surface de l'eau. Et le niveau de la mer augmente !

On estime l'impact de ces variations de pression atmosphérique sur la mer à un centimètre par hectopascal (la mesure de la pression atmosphérique). Cela signifie qu'une dépression moyenne, d'une pression de 980 hPa, provoque une surélévation du niveau de la mer d'environ… 35 centimètres ! C'est donc loin d'être négligeable.

Vous l'avez deviné, tout est question d'accumulation. Lors des équinoxes, les marées connaissent leurs plus forts coefficients en raison de la force gravitationnelle de la Lune et du Soleil. Si, de surcroît, une forte dépression se forme au-dessus de l'océan, la montée des eaux va être encore accentuée. Enfin, il suffit qu'un vent violent souffle en direction des côtes au moment de la marée montante, pour qu'apparaissent sur la mer des vagues énormes, qui déferlent sur le littoral.

Ces « vagues-submersion », d'une très grande violence, peuvent atteindre plusieurs mètres de hauteur. Elles viennent se briser sur les digues et les jetées, qu'elles endommagent gravement. Et si l'une d'elles cède, les vagues-submersion peuvent envahir les terres les plus basses, où elles formeront une véritable mer intérieure, jusqu'à la décrue. C'est ce qui s'est produit sur les côtes de la Vendée et de la Charente-Maritime lors du passage de la tempête Xynthia, les 27 et 28 février 2010. Une fois les digues et les remblais brisés, les vagues-submersion avaient envahi des zones résidentielles, provoquant la mort de quarante-sept personnes.

Voilà pourquoi les fameuses « tempêtes d'équinoxe » ne sont aucunement provoquées par les équinoxes. Mais

Le savez-vous ?

Lorsqu'elles déferlent à proximité des estuaires, les vagues-submersion remontent dans le cours du fleuve et contrarient l'écoulement naturel de ses eaux. Le fleuve déborde alors à son tour et peut engendrer d'importantes inondations. Enfin, contrairement à ce qu'on pourrait croire, les vagues-submersion n'épargnent pas la Méditerranée, bien que le coefficient des marées y soit particulièrement faible. Ainsi, le 1er janvier 2010, une dépression sur les Baléares a créé une surcote du niveau de la mer de 50 centimètres. Attisées par une tempête, des vagues-submersion de 4 mètres ont déferlé sur la Côte d'Azur. On se souvient de leur effet dévastateur sur la promenade des Anglais à Nice !

si elles ont lieu à cette période de l'année, leur effet risque de se conjuguer à celui des grandes marées. Depuis la tempête Xynthia, une politique de prévention a d'ailleurs été mise en place, notamment dans les zones particulièrement exposées aux vagues-submersion, comme la Vendée.

52.

Pourquoi peut-on dire que la météo inspire les sportifs de l'extrême ?

Ascension de l'Himalaya sans oxygène, traversée du pôle Nord à pied, vols en parachute ascensionnel : les défis des grands sportifs les amènent de plus en plus souvent à aller au bout de leurs limites physiques. Très vite, il s'est agi pour certains de défier aussi les conditions atmosphériques, celles qui rendent en général beaucoup d'exploits impossibles. L'un des paris les plus spectaculaires fut sans doute le premier tour du monde en ballon sans escale, tenté en premier par le milliardaire britannique Richard Branson. Son rêve ? Chevaucher les jet-streams, ces vents stratosphériques qui font le tour de la planète à une vitesse de 300 km/h.

Cette entreprise fut jugée complètement folle quand on la présenta au public. Et pourtant, tout le monde en rêvait de ce tour du monde, depuis le livre de Jules Verne et les exploits de Phileas Fogg ! Et quel défi à l'heure des grands projets écologiques, des énergies renouvelables et des économies de carburant ! Vous imaginez sans peine ce que représentait cette idée d'utiliser les conditions atmosphériques et les phénomènes météorologiques pour boucler un tour complet de la Terre sans moteur et sans gouvernail, simplement poussé par les vents… Si Richard Branson échoua dans cette odyssée, le Suisse Bertrand Piccard et son copilote, l'Anglais Brian

Jones finirent par réaliser l'exploit en mars 1999, à bord d'un *Breitling Orbiter*, soit un ballon atmosphérique transportant une capsule pressurisée en guise de nacelle.

Le tour du monde en ballon est un défi qu'avait lancé, au début des années 1990, la Fédération aéronautique internationale (FAI). C'est elle qui en avait fixé les règles : le vol devait couvrir au minimum 25 000 km, les pilotes franchir tous les méridiens et rester à une distance d'environ 3 400 km des pôles. Ce voyage en ballon devait défier toutes les conditions météorologiques de notre planète. À l'altitude où soufflent les jet-streams, comme sur le sommet de l'Himalaya, l'oxygène est rare, la cabine devait donc être pressurisée comme celle d'un avion. Le ballon devait aussi être protégé du froid extérieur par une protection aussi légère qu'efficace, car sans air chaud, c'est la chute assurée pour la nacelle ! Pour que l'aventure soit possible, il s'agissait donc d'adapter la technologie aux forces de la nature, d'être capable de comprendre les mystères de la météorologie pour surfer d'un jet-stream à l'autre, chevaucher les vents les plus rapides, utiliser les zones de haute et de basse pression, et éviter le cœur des tempêtes et des orages. Un casse-tête pour la navigation doublé d'une épreuve pour les corps ! C'est ce que parviendra pourtant à accomplir avec succès Bertrand Piccard, en 1999. Il renouvela la performance en 2015, cette fois aux commandes du *Solar Impulse*, un avion unique en son genre propulsé grâce à l'unique énergie solaire. Les énergies propres ne seraient donc pas aussi inefficaces qu'on l'entend parfois.

Mais Piccard et ses acolytes ne sont pas les seuls sportifs à avoir voulu se frotter aux extrêmes que le climat réserve à notre planète. En février 2017, Mike Horn achevait sa traversée de l'Antarctique à pied, en autonomie complète. Ce Sud-Africain, surnommé par ses nombreux admirateurs « le Fakir des glaces », a parcouru 5 100 km sur le « Continent blanc » en moins de deux mois, plus exactement en cinquante-sept jours, soit une moyenne de… 90 km par jour. Mais comment progresser à cette allure, lorsqu'on n'a que ses pieds pour avancer ? Grâce à un cerf-volant qui, en prenant le vent, tractait le traîneau du sportif explorateur, depuis la base russe de Novolazarevskaya, jusqu'à la base française de Dumont-d'Urville, en passant bien sûr par le pôle Sud et la base américaine Amundsen-Scott… Mike Horn a aussi dû défier les sastrugis, ces vagues de glace réputées infranchissables et qui hérissent la seconde moitié du parcours, balayées par des vents furieux.

Il y a encore l'histoire de celui qu'on appelle l'« Ultraterrestre » : le catalan Kilian Jornet a en effet gravi l'Everest en vingt-six heures et… sans oxygène. Et il a renouvelé l'exploit dans la même semaine ! On peine à mesurer les efforts fournis quand on a en tête qu'à partir de 7 800 mètres, le taux d'oxygène est trois fois inférieur à celui de l'atmosphère sur le plancher des vaches… Kilian Jornet a ainsi dominé de son mètre quatre-vingt les 8 848 mètres de ce sommet mythique. Ce fut fait dans la nuit du 21 au 22 mai 2017, sans oxygène mais aussi sans corde fixe ! Cet alpiniste n'en est pas à son premier exploit. Il s'est hissé sur les plus hauts sommets de chaque continent, l'Aconcagua (Argentine), le Kilimandjaro (Tanzanie), le Cho Oyu (Tibet-Chine-Népal)… Pour triompher de ces reliefs réputés pour les dangers terribles qui attendent ceux qui les défient, et dont beaucoup ne reviennent pas, Kilian Jornet a lui aussi étudié, avec la plus grande précision, les conditions atmosphériques de ces montagnes, et les prévisions qui étaient faites, avant de se lancer dans l'aventure. Personne n'oublie que, depuis les années 1920, plus de deux cents personnes sont mortes en tentant l'ascension de l'Everest. C'est ainsi qu'on a retrouvé, en 1999, le corps de l'alpiniste britannique George Mallory, disparu lors de sa tentative de gagner le sommet… en 1924.

De nombreux cadavres gelés d'alpinistes jonchent toujours le parcours d'un camp à l'autre, servant désormais de repère pour leurs successeurs. Hors de question pour Kilian Jornet de finir de la même façon. D'autant plus que pour cet assaut final, il était équipé le plus légèrement possible. Au risque de succomber s'il se faisait surprendre par ces habituelles et dramatiques tempêtes de neige et restait bloqué au sommet : tous les alpinistes savent que sans oxygène à cette altitude, on ne peut pas survivre plus de quarante-huit heures !

Parmi les autres performances hors du commun, je pense aux plongeurs en apnée, dont le film *Le Grand Bleu* nous a révélé les exploits et les conditions de compétition. Ces sportifs de l'extrême défient le manque d'oxygène mais également la pression. Ainsi, le Néo-Zélandais William Trubridge a établi, en mai 2016, un nouveau record du monde de plongée en apnée. Il est descendu à 124 mètres de profondeur avec une seule inspiration d'air dans les poumons et sans palmes aux pieds ! C'est-à-dire qu'il a retenu son souffle pendant 4 minutes et 34 secondes. On imagine le travail de préparation physique. Il faut apprendre à ralentir les battements de son cœur de moitié et supporter la pression qui s'exerce sur tout le corps – poitrine, sinus et tympans. Dès 10 mètres de profondeur, la pression est deux fois plus forte qu'à l'air libre ! À 20 mètres, la pression est trois fois plus forte, elle réduit la capacité des poumons d'un tiers. Enfin, aux profondeurs extrêmes, le plongeur est soumis à une sensation d'ivresse, cette « ivresse des profondeurs » due à la pression qui s'exerce sur le nitrogène contenu dans les poumons, et qui est dès lors évacué dans les vaisseaux sanguins. Dans le cerveau, ce nitrogène submerge les cellules nerveuses, provoquant une divagation semblable à l'ivresse alcoolique. Enfin, dernier effet de la pression, à partir d'une certaine profondeur, le corps perd sa tendance à remonter à la surface. Au contraire, il coule, et son poids entraîne le plongeur de plus en plus vite dans les abysses.

Évoquons enfin le Français Benoît Lecomte. L'étude des courants marins lui a permis de traverser avec succès l'océan Atlantique… à la nage ! Vous vous en souvenez peut-être, c'était en 1998. Il s'agissait de nager depuis Hyannis, sur la côte nord-est des États-Unis, jusqu'aux côtes bretonnes. Une traversée de 5 980 km ! Certes, lors de sa traversée, Lecomte montait à bord du voilier qui l'accompagnait, pour pouvoir se restaurer et dormir un peu. Mais quel exploit ! Nager huit heures par jour, pendant soixante-treize jours, sans palmes et sans flotteur, à une température moyenne de 18 °C ! Et c'est maintenant la traversée du Pacifique que ce même nageur prépare, de Tokyo à San Francisco. 8 900 km ! Toujours plus fort !

53.

Pourquoi y a-t-il plusieurs climats ?

Vous avez sûrement entendu dire qu'en France, nous vivions dans un climat tempéré. Mais ce n'est pas le cas de tous les pays. En effet, il existe trois grandes zones climatiques sur notre belle planète : froides, tempérées et tropicales. Pour les déterminer, les scientifiques ont pris en compte leurs températures moyennes et les précipitations qu'elles reçoivent, ainsi que l'importance des variations auxquelles elles sont soumises.

Les zones froides, vous l'aurez deviné, correspondent aux régions proches des pôles, où sévit un froid… polaire, bien évidemment. On s'y gèle toute l'année, mais davantage en hiver dans l'hémisphère nord, et en été (pour nous) dans l'hémisphère sud. Les températures peuvent descendre jusqu'à – 50 °C, et ne dépassent pas 10 °C durant l'été. Au milieu de la sphère terrestre, de part et d'autre de l'équateur, se trouve la zone tropicale, aussi appelée « zone chaude ». Elle subit des températures élevées toute l'année et ne connaît que deux saisons : une saison sèche et une saison humide. Entre ces deux extrêmes, enfin, se trouve la zone où nous vivons, dite « tempérée ». Elle bénéficie, vous le savez, de températures relativement clémentes, et connaît quatre saisons bien marquées au cours de l'année.

Le savez-vous ?

Globalement, les zones polaires se trouvent au-delà des cercles polaires, les zones tempérées entre les cercles polaires et les tropiques, et la zone tropicale… entre les deux tropiques ! Mais, évidemment, les limites entre les trois grands types de climat ne suivent pas exactement ces lignes théoriques qui divisent la surface de la Terre sur les planisphères. D'ailleurs, il n'existe pas de limite nette entre ces zones… Par exemple, vous ne sentirez guère de changement en franchissant le tropique du Cancer en plein milieu du Sahara ! Ces frontières virtuelles ont cependant stimulé l'imagination : ainsi, les marins d'autrefois aimaient à raconter aux esprits crédules qu'au passage d'un hémisphère à l'autre, une chute d'eau vertigineuse barrait l'océan, et que les navires risquaient le naufrage en la franchissant !

Comment s'expliquent ces variations de climat ? Le facteur principal se trouve bien sûr dans la façon dont les rayons du Soleil frappent la Terre. Près de l'équateur, le Soleil est presque vertical à midi, ce qui crée des températures élevées. Près des pôles, au contraire, le Soleil restant très bas dans le ciel, ses rayons très inclinés ne font que raser le sol, de sorte que la chaleur produite est bien moindre. Comme nous avons la chance d'habiter dans la zone tempérée, nous pouvons d'ailleurs constater l'impact de cette incidence des rayons du Soleil : en hiver, le Soleil reste assez bas dans le ciel et chauffe peu, alors qu'en été, il monte à son zénith et brûle notre peau d'un feu ardent !

Mais comme toujours en matière de météorologie, tout n'est pas si simple ! À l'intérieur de chaque zone, des variations très importantes peuvent exister, concernant par exemple le taux de précipitations, ou les écarts de température entre les saisons. Ces variations dépendent souvent de la géographie : la proximité ou l'éloignement de l'océan, la présence de plaines ou de chaînes montagneuses, l'existence d'une zone désertique… autant de facteurs qui influent sur le climat de chaque région du monde. Ainsi distingue-t-on, dans la zone dite « tempérée », deux principaux types de climat antagonistes : continental ou océanique. Dans la zone tropicale, on distinguera le climat équatorial, le climat tropical, le climat de mousson… Il faut compter également avec d'autres climats plus spécifiques, comme le climat montagnard, le climat méditerranéen, ou le climat aride qui est celui des déserts… Et à une échelle encore plus réduite, certains vents comme le mistral ou le foehn peuvent créer de véritables microclimats (cf. « Pourquoi l'effet de foehn apporte-t-il un supplément de chaleur aux habitants de Biarritz ? »).

Le savez-vous ?

La plupart des déserts sont situés dans la zone tropicale. Ce n'est pas un hasard, car ce sont les régions qui reçoivent les plus fortes radiations solaires, le Soleil à midi étant quasiment à la verticale du sol. De plus, des vents comme les alizés privent souvent ces zones de couverture nuageuse. Or, comme vous pouvez vous en douter, l'absence de brumes et de nuages multiplie l'effet des radiations…

54.

Pourquoi la Méditerranée connaît-elle autant d'événements météorologiques extrêmes ?

C'est aujourd'hui incontestable : tout le pourtour de notre Grande Bleue est de plus en plus souvent victime de pluies diluviennes et d'énormes crues côté européen, par de grandes sécheresses côté africain et par de puissantes tempêtes de vent pour tout le bassin. Vous vous souvenez sans aucun doute de crues brutales et spectaculaires : celles qui ont affecté la jolie ville de Vaison-la-Romaine, dans le Vaucluse, en septembre 1992, l'ensemble du Gard en septembre 2002 et tout le département du Var en juin 2010, sans oublier nos amis italiens qui ont vu les fameuses Cinque Terre fondre sous des déluges d'eau en 2011…

Il est bien évident que la géographie des lieux a un rôle important dans la formation de ces phénomènes climatiques, mais il est incontestable que le réchauffement climatique influence lui aussi, la fréquence et l'ampleur de ces événements.

Qu'a donc de particulier cette géographie ? Les reliefs tout d'abord. Entre les Pyrénées, les Alpes et les reliefs italiens ou espagnols dans le sud de la péninsule Ibérique, pour ne parler que des pays européens, la Méditerranée connaît une circulation des masses d'air souvent violente et mouvementée. Elle subit aussi des phénomènes venteux qui agissent

Devinette

Pourquoi appelle-t-on la Méditerranée un « *hot spot* » du changement climatique ? Parce que cette zone de la planète accuse tout particulièrement les effets des modifications du climat auxquelles on assiste. Enfin, comme tous les autres *hot spots*, les impacts de ces changements sur l'environnement, naturel ou humain, sont très prononcés. De nombreuses études, à l'échelon local ou bien menées par l'Europe, se penchent sur les projections possibles de ces changements. Dans l'ensemble, elles annoncent, en accord avec le GIEC, une hausse des températures de 2 à 3 °C à l'horizon 2050 et de 3 à 5 °C à l'horizon 2100. Enfin, elles prédisent une diminution des précipitations estivales de 35 % sur la rive sud de la Méditerranée et de 25 % sur la rive nord d'ici la fin du siècle.

sur les précipitations, soit en les provoquant à l'excès, soit en les interdisant comme le fait ce fameux effet de foehn (cf. « Pourquoi l'effet de foehn apporte-t-il un supplément de chaleur aux habitants de Biarritz ? »).

Il y a ensuite la taille réduite de cette mer presque fermée, dont les eaux peuvent atteindre des températures élevées l'été, puisqu'elles montent jusqu'à 25 à 26 °C en surface dans des circonstances normales. De plus, comme pour les océans, la Méditerranée est soumise à des courants de surface et des courants de profondeur. La configuration des lieux – mer presque close, nombreux golfes, présence de multiples îles – détermine un nombre important de courants, eux-mêmes sujets à la force des vents. Rappelez-vous l'été 2016 où, dans le golfe du Lion, entre la frontière espagnole et la Camargue, l'eau n'a atteint que péniblement les 20 °C, alors que le Soleil brillait ! Pendant les deux mois préférés des vacanciers, juillet et août, deux vents du nord, le mistral et la tramontane, n'avaient pas cessé de souffler, repoussant vers le large les eaux de surface chauffées par le Soleil. Dès lors, les eaux des profondeurs, bien plus fraîches – puisqu'on enregistre des différences allant jusqu'à 5 °C entre les couches marines –, sont remontées, réfrigérant les baigneurs. Ce phénomène est bien connu des océanographes, qui l'appellent « processus de formation des eaux denses », et il est très bénéfique à la biodiversité de la mer : le brassage qui s'opère entre les couches marines distribue l'oxygène et les substances nutritives des fonds marins.

En contrepartie, ce phénomène estival d'eau particulièrement fraîche touche rarement la Côte d'Azur, car un courant ramène sur ses plages les eaux du sud, leur assurant une température idéale l'été, qu'affectent très peu les coups de mistral.

C'est en partie la température des eaux méditerranéennes qui est à l'origine des trombes d'eau qui s'abattent sur les départements côtiers de la Grande Bleue. Les météorologues appellent ces déluges, circonscrits aux fins d'été, les « épisodes cévenols ». Il s'agit d'orages redoutables, assortis de précipitations historiques : plusieurs centaines de millimètres en quelques heures.

En septembre ou en début d'automne, la mer est encore bien chaude et si des vents de sud, ou de sud-est, se mettent à souffler, ils poussent vers les Alpes, le Massif central et les Pyrénées l'air humide et chaud qui s'évapore de la surface de la mer. Lorsque ces masses d'air, lourdement chargées en humidité, rencontrent l'air très froid d'altitude, il se crée une instabilité atmosphérique importante qui aboutit à de violents orages.

Quand ils butent sur le relief des Cévennes, ces nuages orageux, sans cesse alimentés en air chaud et humide, déversent leurs réserves considérables de pluie et de grêle, et cela sur des surfaces très réduites car ils sont bloqués par le relief tout en étant constamment alimentés par le vent du sud et l'humidité de la mer. L'orage ne cesse pas en quelques heures, comme il le fait ailleurs, mais peut durer près de deux jours, provoquant des pluies torrentielles sans discontinuer ! Ce phénomène n'est pas nouveau : dans les familles cévenoles, on raconte encore cette journée du 29 septembre 1900, à Valleraugue, où 1 000 litres d'eau par mètre carré sont tombés en l'espace de dix heures !

Les pentes, la structure rocheuse des sols, et l'hyperurbanisation de ces régions interdisent hélas l'absorption partielle de ces eaux, qui dévalent, grossissent les cours d'eau et provoquent des crues terribles ! Les tranquilles petits ruisseaux se transforment en énormes torrents qui dévastent tout sur leur passage. Souvenez-vous des images du débordement de la rivière Ouvèze, le 22 septembre 1992, autour de Vaison-la-Romaine, qui fit quarante et un morts et détruisit trois cent vingt habitations…

Enfin, je ne vous apprendrai pas que les pays méditerranéens connaissent déjà de gros problèmes de manque d'eau, assortis de désertification ainsi que de pertes de la biodiversité. Cela peut vous sembler paradoxal au regard de ces épisodes cévenols. Et pourtant, sachez que selon les organisations onusiennes, le pourtour méditerranéen regroupe plus de la moitié de la population mondiale qualifiée de « pauvre en eau ». La densité de la population en est en grande partie responsable, et, avec elle, la surexploitation des terres et la déforestation. Par ailleurs, les zones les plus fertiles supportent les méfaits de l'urbanisation à outrance. C'est ainsi qu'on assiste, en Méditerranée plus qu'ailleurs, au passage dramatique, parce qu'il n'est pas maîtrisé, de la cité traditionnelle – une petite ville compacte assortie de zones agricoles en périphérie –, à la ville motorisée et tentaculaire, qui a « artificialisé » les sols fertiles et les zones humides. Le paysage méditerranéen s'en trouve dégradé et son fragile équilibre climatique compromis de façon irréversible. C'est ainsi que les sécheresses, et avec elles les vents de sable qu'elles aggravent, participent à leur tour au réchauffement climatique.

Éclaircie

Aujourd'hui encore, il est difficile de prévoir avec efficacité ces événements hydrométéorologiques qui affectent la Méditerranée, de simuler leur évolution et leur impact sur le changement climatique. Les scientifiques manquent de données d'observation et de compréhension des processus et des interactions entre l'atmosphère, la mer et les surfaces continentales. Un plan, nommé « Plan bleu : avenirs du bassin méditerranéen », a néanmoins été conçu pour étudier de près ces phénomènes, et mettre en place des moyens d'action afin de parer au plus urgent, dans la prévention des risques et la protection des équilibres. C'est un pari énorme pour l'avenir de cette mer, et pour celui des hommes qui l'entourent.

55.

Pourquoi l'anticyclone triomphe-t-il du mauvais temps ?

Anticyclone ! Je suis sûr que le simple fait de m'entendre prononcer ce mot lors d'un bulletin météo vous met déjà un peu de baume au cœur, vous laissant déjà espérer un week-end ensoleillé… En effet, l'anticyclone est l'allié du beau temps. Du moins la plupart du temps, car nous verrons qu'il existe aussi des anticyclones qui peuvent contribuer au mauvais temps, en enfermant la grisaille près du sol.

Un anticyclone est une zone de haute pression atmosphérique, c'est-à-dire une masse d'air plus froide et donc plus lourde que dans les zones alentour. Vous allez me dire : « Tiens, c'est bizarre, un anticyclone avec de l'air froid, alors qu'il nous apporte le beau temps et la chaleur. » Mais oui ! Car, vous le savez, l'air froid est plus lourd que l'air chaud, donc plus dense… et s'il est plus dense, c'est que la pression augmente. Or, si l'anticyclone forme une grande masse d'air froid et lourd en altitude, cet air va avoir tendance à peser et à descendre vers la surface terrestre : on parle alors d'un mouvement « subsident ». Cet air lourd va également assécher la masse d'air, c'est pourquoi il chasse les nuages qu'il rencontre dans sa descente.

Pour nous, la meilleure illustration de ce phénomène est l'anticyclone des Açores. Vous le connaissez : les météorologues le citent toujours quand ils annoncent des périodes de grand beau sur la France et l'Europe occidentale. En bon anticyclone qu'il est, il constitue en effet, au-dessus de l'océan Atlantique, un formidable bouclier dans la lutte contre les basses pressions. En outre, il permet d'éviter un conflit de masses d'air entre l'air chaud qui remonte de l'équateur et l'air froid qui descend des pôles. Hélas, l'effet de cet anticyclone sur notre beau pays n'est pas permanent : s'il a pris, ces cinquante dernières années, la bonne habitude de s'étendre jusqu'à nos côtes à l'arrivée des beaux jours, il lui arrive aussi de manquer ce rendez-vous.

Il y a une explication à cela. D'abord, l'anticyclone des Açores est bien loin de nous… Rappelons que les Açores sont un archipel perdu en plein océan Atlantique, à environ 1 500 km à l'ouest des côtes du Portugal ! Et encore, l'anticyclone lui-même n'est pas centré sur cet archipel… En réalité, il se développe dans la vaste zone de l'océan située entre les Açores et les Bermudes – un autre archipel, à environ 1 000 km des côtes américaines ! Or, dans cette région, comme dans toutes les régions subtropicales, les hautes pressions sont bien plus stables que sous nos latitudes. Elles maintiennent donc cet anticyclone sur place en quasi-permanence. Si nous profitons de ses effets aux beaux jours, c'est seulement parce qu'il se déplace légèrement selon les saisons. Lorsqu'il dérive vers l'est, sur les Açores, il peut nous faire bénéficier de ses hautes pressions et apporter le beau temps sur nos côtes ! Mais ses déplacements peuvent être contrariés. Il lui arrive de suivre une trajectoire trop méridionale, de sorte qu'il apportera le beau temps dans le sud de l'Espagne, mais pas sur notre golfe de Gascogne ! Il peut aussi rester dans ses quartiers, au beau milieu de l'Atlantique, laissant ainsi le passage à l'humidité et aux précipitations qui peuvent nous gâcher nos étés !

Devinette

Savez-vous comment nos amis américains appellent l'anticyclone des Açores ? L'anticyclone des Bermudes ! C'est assez logique, puisque les Bermudes sont beaucoup plus proches de chez eux, et qu'elles sont tout aussi concernées par l'anticyclone. De façon plus neutre, les météorologistes pourront nommer notre valeureux défenseur des hautes pressions, « l'anticyclone de l'Atlantique nord ». Ce qui est finalement bien plus juste !

Mais, me direz-vous, qu'est-ce qui peut empêcher l'anticyclone des Açores de remonter jusqu'à nous ? En général, c'est la présence d'un autre anticyclone, celui du Groenland qui, en temps normal, a pris la bonne habitude de rester chez lui. Mais, s'il se déplace plus au sud, jusque dans le ciel de l'Islande par exemple, il repousse vers nous toutes les dépressions qui se trouvent habituellement dans cette zone, et qui vont ainsi bloquer la progression de l'anticyclone des Açores. Nous passerons alors l'été sous les parapluies… et notre seule consolation sera de penser au bonheur de nos amis islandais qui, pour une fois, profiteront du beau temps !

Comme dans le cas des dépressions, il existe différents types d'anticyclones, qui se distinguent selon leur mécanisme de formation : les anticyclones thermiques et les anticyclones dynamiques. Le meilleur exemple d'anticyclone thermique est celui de Sibérie. Vous vous en doutez, il doit son existence aux très basses températures qui sévissent sur cette partie de la planète. La masse d'air, très refroidie, devient alors très lourde et très compacte, sa pression augmente fortement. Ces anticyclones thermiques sont les plus puissants, ce qui leur vaut d'être stationnaires et quasi permanents, comme celui du Groenland, ou celui de l'Antarctique. D'épaisseur assez réduite, ils sont en général coiffés en altitude par une dépression.

Les anticyclones dynamiques, eux, naissent de la circulation atmosphérique. Par différents mécanismes, celle-ci oblige certaines masses d'air à se comprimer et à s'alourdir, créant ainsi un flux d'air descendant. Et plus la convergence des jet-streams sera importante en altitude, plus la zone de haute pression – c'est-à-dire l'anticyclone – sera vaste. Cela explique qu'au contraire des précédents, les anticyclones dynamiques sont très épais et atteignent une haute altitude. Au niveau des tropiques, certains de ces anticyclones sont quasiment permanents, comme celui des Açores, ou celui de Sainte-Hélène dans l'Atlantique sud, qui joue un rôle équivalent à celui des Açores pour nos amis sud-africains ! Cependant, les anticyclones dynamiques peuvent se former n'importe où sur la surface du globe.

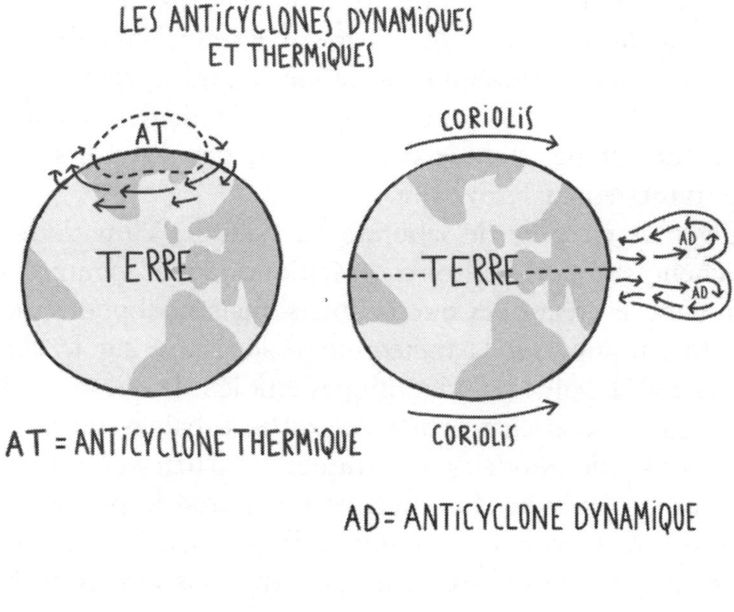

56.

Pourquoi les villes ont-elles une influence sur le climat ?

Figurez-vous qu'il y a cent ans, on n'avait pas prévu d'inclure les villes dans les éléments à prendre en compte pour le climat ! Les lacs, les fleuves, les océans ou les montagnes, oui, mais les villes, non. Et pourtant, c'est aujourd'hui incontestable : les villes ont un impact sur le temps qu'il fait et qu'il va faire. Bien évidemment, il ne s'agit pas de n'importe quelle agglomération. Nous parlons essentiellement de ces mégapoles qui se développent depuis la moitié du XXe siècle, et qui ont créé des zones urbaines très denses, étendues, ramifiées par des nœuds d'autoroutes, des aéroports et un important réseau ferroviaire.

De plus en plus de laboratoires d'études climatiques se penchent sur ces territoires spécifiques, pour comprendre comment ils créent des microclimats, mais aussi pour étudier leur importance sur la météorologie locale, et sur le climat en général. Et plus les scientifiques étudient la question, plus ils prennent conscience que ces zones urbaines nécessitent la création de modèles spécifiques, à partir d'études qui leur sont consacrées. En effet, les territoires de plus en plus étendus des mégapoles, comme le Bassin parisien, le Grand Lyon, ou la région PACA, ne peuvent plus être considérés comme n'importe quel autre paysage de l'Hexagone.

En réalité, les grandes villes forment un composé subtil d'éléments qui agissent ensemble et les uns par rapport aux autres sur les phénomènes climatiques. Il y a, par exemple, les activités industrielles et les activités domestiques, les transports avec la question des gaz d'échappement. Mais aussi la couverture presque totale de ces territoires – avec le béton, la pierre ou la brique des bâtiments, les ardoises, le zinc ou les tuiles des toitures, l'asphalte du réseau routier ou des tarmacs des aéroports, le métal des voies de chemin de fer – qui s'est substituée aux plantes et surfaces herbeuses. Comment imaginer alors qu'il n'y ait pas d'impact sur l'organisation de la nature ?

Commençons par un point facilement compréhensible. Vous vous en doutez, ces matériaux accumulent la chaleur du rayonnement solaire bien autrement qu'un champ de blé ou qu'un simple village. L'été, par exemple, il y a dans les villes plus de chaleur produite qu'à la campagne : de 1 à 3 °C dans la journée, et jusqu'à 12 °C de plus pendant la nuit. Et ce n'est rien comparé aux différences de températures pendant l'hiver ! En ville, chaque individu, chaque immeuble crée de la chaleur et opère un transfert d'énergie et de rayonnement dans l'atmosphère. C'est ce qu'on appelle l'effet d'îlot de chaleur urbain.

Mais s'il fait plus chaud en ville que dans la campagne alentour, c'est surtout parce que les plantes et les surfaces herbeuses ont été remplacées par du béton ou de l'asphalte, qui absorbent bien plus de chaleur que celles-ci, et la relâchent la nuit, empêchant le rafraîchissement habituel des périodes nocturnes. Les taux d'humidité et de CO_2 qui s'échangent avec l'atmosphère sont, eux aussi, différents en milieu urbain.

Mais ce n'est pas tout ! Il faut tenir compte de l'agencement de la ville : la forme et la répartition des bâtiments, la densité du tissu urbain jouent un rôle prépondérant sur la circulation des masses d'air. Les villes canalisent les vents. Alors qu'à une centaine de kilomètres de là, le même vent ne perturbe en rien l'atmosphère la plus proche du sol, en ville, il crée des turbulences capables d'affecter la couche atmosphérique sur plusieurs centaines de mètres au-dessus des toits, avec une force pouvant détourner certaines dépressions très localisées, comme les orages. Un orage éloigné et c'est une belle occasion manquée de rafraîchir l'atmosphère !

Devinette

Comment comprendre avec un doigt la formation des turbulences au-dessus des villes ? Il suffit de faire une expérience toute simple (à condition de se trouver à côté d'un ruisseau). Trempez le bout de vos doigts dans un cours d'eau : vous verrez aussitôt des tourbillons se former autour de chacun d'entre eux. Le courant du vent agit de la même façon sur les toits des bâtiments, les clochers des églises, les gratte-ciel du quartier de la Défense à Paris par exemple ou toute autre tour comme celles que les urbanistes aiment implanter désormais dans les grandes villes. Et plus il y a de variations entre les hauteurs des bâtiments et dans leur répartition sur la surface de la ville, plus la formation des turbulences devient complexe et peut être parfois violente.

Ces turbulences complexes nées de l'urbanisme déterminent aussi la dissipation des fumées et de la pollution, ou le contraire ; fumées et pollution semblent rester prisonnières sur la ville, alors qu'une bonne brise traverse la région. Leur découverte a été d'une importance capitale pour étudier et comprendre tout ce qui touche à la dispersion ou à la rétention des polluants au-dessus des villes. On a appelé cette toute nouvelle notion « les termes dispersifs ».

Un seul modèle n'est plus possible pour établir la météo des villes. Paris est Paris, et Marseille est Marseille. L'urbanisme de chaque ville est singulier et agit de manière particulière sur son microclimat. Faute de pouvoir intégrer les représentations détaillées de toutes les mégapoles, les considérer comme une simple « surface rugueuse » est obsolète.

La météo affine ses prévisions en milieu urbain et architectes comme urbanistes réfléchissent à la forme idéale des bâtiments de demain, à leur taille et à leurs composants, en prenant en compte la singularité des phénomènes météo propres à chaque ville. Voilà de belles perspectives !

La météorologie urbaine, vous vous en doutez, est un secteur extrêmement important car elle concerne un pourcentage de plus en plus grand de la population française et mondiale : l'OCDE a publié un rapport qui prévoit qu'en 2025, la planète comptera trente-sept mégapoles, dont chacune aura une population supérieure à 10 millions d'habitants ! Or, ces mégapoles, qui occupent aujourd'hui 2 % de la surface du globe, émettent… 80 % du CO_2 d'origine humaine ! Et, pour rester en France, il faut savoir qu'à cette même date, deux Français sur trois habiteront en ville.

Éclaircie

Météo-France s'est associée avec des urbanistes, des architectes et des paysagistes, mais aussi avec des hydrologues, des ingénieurs du bâtiment et des sociologues pour étudier les impacts éventuels du changement climatique à l'échelle de l'agglomération parisienne. Le projet s'appelle EPICEA et il réfléchit à l'aspect du Paris de 2030. Il élabore des scénarios théoriques pour étudier par exemple l'impact sur le climat que pourraient avoir une implantation importante d'espaces verts, la modification des matériaux des immeubles pour minimiser l'absorption de chaleur, ou encore le changement de la taille des bâtiments pour amoindrir les effets de turbulences.

57.

Pourquoi fait-il plus froid dans le monde après l'éruption d'un volcan ?

On pourrait imaginer qu'une éruption volcanique aurait tendance à réchauffer l'atmosphère : la libération de toute cette lave en fusion et de toutes ces fumées brûlantes produites en quantités astronomiques devrait logiquement faire monter la température ambiante. Eh bien non ! C'est précisément le contraire qui se produit. Dans l'histoire de l'humanité, l'éruption d'un volcan majeur a plusieurs fois entraîné des chutes de la température moyenne mondiale, pouvant aller jusqu'à – 0,8 °C, parfois pendant deux à trois années. Cela vous paraît peut-être insignifiant, mais à l'échelle de toute la planète, c'est absolument énorme : rendez-vous compte de tous les efforts que doit déployer aujourd'hui l'humanité pour endiguer une montée de la température de quelques degrés ! Mais alors, comment les volcans s'y prennent-ils ?

D'abord, il faut savoir que tous les volcans n'en sont pas capables : seuls les volcans de type explosif, ceux qui éclatent d'un seul coup en une gigantesque explosion, en sont capables. Comment ? En projetant une quantité phénoménale de cendres dans l'atmosphère ! Ce sont ces cendres qui ont fait disparaître la ville romaine de Pompéi, au moment de l'éruption du Vésuve, en l'an 79 de notre ère. Ce sont elles également qui ont recouvert toute la nature autour du volcan Pinatubo, en 1991 : vous vous souvenez sûrement de ces images saisissantes, où tout était revêtu d'un manteau blanc-gris, non pas de neige, mais de cendre. Cela dit, pour qu'une éruption volcanique fasse chuter la température, il faut qu'elle soit suffisamment violente pour propulser la masse de gaz et de cendres jusque dans la stratosphère, à plus de 15 000 mètres d'altitude !

C'est en effet entre 10 000 et 20 000 mètres que soufflent les strato-jets, jet-streams, ou autres jet-winds, ces vents qui circulent entre la troposphère et la stratosphère tout autour de la planète. Ces puissants courants aériens vont alors maintenir les énormes nuages volcaniques en altitude, mais aussi les répandre et les propager tout autour du globe ! En outre, les processus chimiques et radioactifs propres à la stratosphère agissent sur les gaz volcaniques, à commencer par le dioxyde de soufre. Mélangé à la vapeur d'eau, ce gaz se transforme en gouttelettes d'acide sulfurique si fines qu'elles constituent un véritable aérosol, qui s'ajoute aux particules de cendres...

Devinette

Pourquoi l'éruption du volcan islandais Eyjafjöll a-t-elle fortement perturbé le trafic aérien mondial, sans pour autant provoquer de refroidissement ? C'est parce que les cendres projetées n'ont pas dépassé l'altitude de 10 000 mètres, ce qui est malheureusement l'altitude moyenne des vols commerciaux ! Souvenez-vous, de mars à juin 2010, à l'occasion de mes débuts sur TF1, je suis intervenu au sujet de ce volcan. On avait alors interdit aux avions de voler tant que les cendres volcaniques ne s'étaient pas dissipées. En effet, aspirées par les réacteurs, elles auraient provoqué des pannes en série !

Que pensez-vous qu'il se passe alors ? Eh bien oui, cet aérosol, présent à forte dose dans l'atmosphère, va atténuer l'effet des rayons du Soleil, qui vont avoir un peu plus de mal à percer jusqu'à la surface de notre planète, et à la réchauffer. Plus précisément, l'acide sulfurique va absorber le rayonnement solaire et le renvoyer, en le réfléchissant, vers l'espace ! Il agit ainsi comme un miroir, ou comme la surface de la banquise polaire, qui renvoie à son expéditeur une grande partie de la chaleur du Soleil.

Devinette

Qui fut le premier scientifique à noter la relation entre le refroidissement climatique et un phénomène volcanique ? C'est Benjamin Franklin (1706-1790), le génial inventeur du paratonnerre, et corédacteur de la Déclaration d'indépendance des États-Unis. En 1782, l'éruption de l'Eldeyjar et celle du Jökull en Islande avaient été suivies d'un hiver si rigoureux que notre Américain est allé chercher le responsable de cette vague de froid là où il se trouvait, en Islande !

On estime que ce mélange de cendres et d'acide sulfurique, qui envahit la stratosphère en très grande quantité, peut réduire de 5 à 10 % l'énergie solaire reçue à la surface de la Terre ! En outre, après leur long séjour dans la troposphère, les cendres éjectées par le volcan retombent très lentement dans les basses couches de l'atmosphère, où elles favorisent la création de nuages… qui sont autant de filtres supplémentaires face au Soleil. La température moyenne sur Terre peut alors chuter de 0,6 °C pendant trois ans, comme ce fut le cas après l'éruption du Pinatubo en 1991, qui a envoyé pas moins de 20 millions de tonnes de dioxyde de soufre dans l'atmosphère.

Mais si l'explosion du Pinatubo ou celle du mont Saint-Helens en 1980 ont marqué nos mémoires, elles ne sont rien à côté de celle du Krakatoa, en Indonésie, survenue le 27 août 1883. Pour vous donner une idée, le bruit de l'explosion a été entendu jusqu'à 4 800 km à la ronde : on pense que c'est le bruit le plus fort jamais entendu par l'homme ! Des quantités astronomiques de cendres ont été projetées jusqu'à 30 km d'altitude, et toute la région fut plongée dans une nuit noire durant plusieurs jours. Quant à l'éruption du mont Tambora, en 1815, la plus importante de l'histoire de l'humanité, on estime qu'elle propulsa dans l'atmosphère près de 150 km^3 de matière ! Son impact sur le climat mondial a été décisif, puisque la température moyenne de l'hémisphère nord a chuté de plus de 1 °C l'année suivante. Le dérèglement fut tel que l'année 1816 est restée dans les mémoires comme « l'année sans été » !

Enfin, sachez que plus le volcan en éruption se situe près de l'équateur, plus la perturbation climatique risque d'être ressentie dans le monde entier. Les cendres et les gaz peuvent alors se propager dans les deux hémisphères.

Le savez-vous ?

Des scientifiques assurent que l'éruption de certains volcans aurait été tellement violente qu'elle aurait provoqué des changements brutaux de circulation atmosphérique et océanique dans les régions équatoriales de l'océan Pacifique ! Ces éruptions pourraient même être responsables du phénomène El Niño (cf. « Pourquoi a-t-on peur d'El Niño ? »), dont on connaît aujourd'hui la néfaste influence sur le climat. Mais cette théorie n'en est encore qu'au stade de l'hypothèse. Comme souvent en météorologie, évitons les conclusions hâtives…

58.

Pourquoi le secret des stradivarius tient-il au climat ?

Vous connaissez tous les violons « stradivarius », créés par le luthier Antonio Stradivari au début du XVIIIe siècle : ce sont les plus convoités au monde par les solistes et les collectionneurs, à cause de leur sonorité exceptionnelle, qu'aucun luthier n'est parvenu à égaler depuis. Le nom même de stradivarius est d'ailleurs devenu synonyme d'excellence et de perfection. Quant aux instruments, leur prix s'envole dans les ventes aux enchères : le « Hammer », un stradivarius créé en 1707, a été vendu 3,2 millions de dollars en 2008 !

L'incroyable son de ces instruments reste, jusqu'à aujourd'hui, un mystère. Pendant des décennies, on a examiné et ausculté les six cent cinquante spécimens qui circulent encore dans le monde, sur les mille cent fabriqués à l'origine, pour découvrir la clé de leur qualité incomparable. En 1830, un physicien français est même allé jusqu'à désosser deux violons pour tenter de percer leur secret ! En vain. Certains ont prétendu que la composition du vernis expliquait tout. Mais l'enduit, ses pigments et ses huiles ont été analysés… à nouveau en vain. Rien ne les distinguait des enduits utilisés par les autres luthiers. Et si la clef du mystère se trouvait plutôt… dans le climat de notre planète ?

Comment ? Vous allez comprendre. Il faut savoir qu'Antonio Stradivari (1644-1737) a vécu durant une époque particulière de l'histoire climatique, connue sous le nom de « minimum de Maunder ». Ce terme obscur désigne la période de 1645 à 1715, durant laquelle, selon les observations faites à l'époque, presque aucune tache ni éruption n'ont été observées sur le Soleil. Cette période s'est caractérisée par un froid anormal et des hivers extrêmement rigoureux sur toute l'Europe occidentale. Rendez-vous compte : à Paris et à Londres, on patinait sur la Seine et sur la Tamise ! Si ce « petit âge glaciaire » a provoqué de nombreuses et dramatiques famines, il a eu un effet particulier sur les arbres qui poussaient. Et ces arbres, vous l'avez deviné, sont ceux que Stradivari a utilisés pour créer ses instruments !

Pour fabriquer la partie qu'on appelle la table du violon, Stradivari employait de l'épicéa provenant du Val di Fiemme, en Italie. Mais pour le fond de l'instrument, il utilisait de l'érable en provenance d'Europe centrale, sans doute de Pologne, où durant le fameux « minimum de Maunder », le froid s'était fait cruellement ressentir. Dans les années 2000, ce bois d'érable a été analysé par les chercheurs de l'université de Columbia et de l'université du Tennessee, qui se sont penchés en particulier sur les cernes du bois, ces cercles concentriques qui se forment, année après année, au cœur de l'arbre. Ils ont remarqué que ces cercles étaient exceptionnellement resserrés. Or, ce caractère ne peut être dû à la coupe des bois qu'exigeaient les facteurs d'instruments, c'est-à-dire faite à la lune noire de janvier, au moment où toute la sève descend dans les racines, donnant ainsi un matériau très léger. Il ne provient pas non plus du fait que le bois était ensuite séché pendant cinq ans pour que l'eau s'évapore et que les résines s'oxydent. Non, la seule explication possible vient du climat : la structure très resserrée du bois est la marque d'une croissance inhabituellement lente, due au froid qui a régné durant toute la période. Le bois gagne alors en densité et en résistance, d'où ses qualités exceptionnelles et une sonorité incomparable. Ce serait donc cette période de froid exceptionnel, liée au « minimum de Maunder », qui expliquerait l'excellence des stradivarius et leur son jamais égalé !

Éclaircie

Le comptage des taches solaires, débuté en 1749, a permis de mettre en évidence des périodes caractérisées par une forte activité solaire, appelées « les grands maxima », et des périodes de « grands minima », comme celle du minimum de Maunder que nous venons de voir, ou celle du minimum de Dalton, intervenu un siècle plus tard, entre 1790 et 1830. Mais ces minimums ont-ils réellement eu une influence sur la température globale de la planète ? C'est une question très débattue. Durant le minimum de Maunder, il est clair que l'Europe et l'Amérique du Nord ont souffert d'un froid sibérien très inhabituel, mais la responsabilité de l'activité solaire dans la survenue de ces vagues de froid reste débattue. Quant à la baisse très nette de la température mondiale observée durant le minimum de Dalton, elle pourrait être due, au moins en grande partie, à l'éruption du volcan Tambora en Indonésie, survenue en 1815 (cf. « Pourquoi fait-il plus froid dans le monde après l'éruption d'un volcan ? »). La prudence est donc de mise. Encore une fois, la météorologie est une science très jeune, méfions-nous des conclusions définitives !

Pour appuyer leur thèse, les chercheurs font remarquer que l'âge d'or du luthier, la période durant laquelle il produisit ses meilleurs violons, s'étalait entre 1700 et 1720… ce qui correspond au moment où les arbres plantés vers 1645, coupés et séchés, étaient utilisés par les artisans. Des arbres qui auraient été plantés au début du « minimum de Maunder »… Mais, quoi qu'il en soit, il est évident que ce petit âge glaciaire ne fit pas tout, puisque tous les violons fabriqués à cette époque ne possèdent pas les mêmes qualités que les stradivarius ! Ce qui a fait l'excellence de ces violons, c'est donc bien avant tout le talent et le génie d'Antonio Stradivari ! Et ce talent passait notamment dans le choix judicieux des bois qui allaient servir à créer ces merveilleux instruments…

Composition Nord Compo
Impression Normandie Roto en août 2017
Éditions Albin Michel
22, rue Huyghens, 75014 Paris
www.albin-michel.fr

Achevé d'imprimer en août 2017
dans les ateliers de Normandie Roto Impression s.a.s.
61250 Lonrai
ISBN : 978-2-226-39617-4
N° d'édition : 22594/01 – N° d'impression : 1703529
Dépôt légal : septembre 2017
Imprimé en France